Python程序设计
项目学习课堂

微课版

方其桂　主　编

宣国庆　刘　斌　副主编

清華大学出版社

北京

内 容 简 介

Python 由于简单易学且功能强大，已成为全世界最受欢迎的编程语言之一。本书按照项目学习理念组织内容，其中第 1~6 章主要介绍 Python 编程的基础知识，如 Python 的程序结构、函数编程等；第 7~10 章主要讲解 Python 的典型应用，如采集网站数据、收发邮件、游戏开发、人工智能等。全书共 57 个项目，读者可以边看边学，书中每课均配有微课视频，另外，书中所有的实例程序、素材都可以通过扫描二维码获得。

本书可供 Python 编程爱好者阅读，适合作为各级高校的 Python 编程教材，也可以作为专业培训机构的教学用书，还可以作为青少年参加编程竞赛以及中小学信息技术任课教师学习 Python 的参考读物。

图书在版编目(CIP)数据

Python程序设计项目学习课堂：微课版 / 方其桂主编. —北京：清华大学出版社，2022.1
ISBN 978-7-302-59128-3

Ⅰ.①P… Ⅱ.①方… Ⅲ.①软件工具—程序设计—教材 Ⅳ.①TP311.561

中国版本图书馆 CIP 数据核字(2021)第 182175 号

责任编辑：刘金喜
封面设计：杨晓云
版式设计：孔祥峰
责任校对：成凤进
责任印制：刘海龙

出版发行：清华大学出版社
    网　　　址：http://www.tup.com.cn，http://www.wqbook.com
    地　　　址：北京清华大学学研大厦 A 座　　　　邮　　编：100084
    社　总　机：010-62770175　　　　　　　　邮　　购：010-62786544
    投稿与读者服务：010-62776969，c-service@tup.tsinghua.edu.cn
    质　量　反　馈：010-62772015，zhiliang@tup.tsinghua.edu.cn
印　装　者：三河市君旺印务有限公司
经　　销：全国新华书店
开　　本：185mm×250mm　　印　张：19　　　　字　　数：415 千字
版　　次：2022 年 1 月第 1 版　　印　次：2022 年 1 月第 1 次印刷
定　　价：98.00 元

产品编号：088494-01

本书讲授的Python是一种已在全世界得到广泛应用的编程语言，它不仅功能强大，而且容易学习和掌握。我们编写这本书并不是要培养专业的程序员，而是想让你明白：编程不是一件遥不可及的事情，只要开始动手实践，就会体验到编程的乐趣。

一、什么是编程

简单地说，编程就是人类想办法让计算机工作的过程。计算机怎么会听我们的话，按我们的想法把事情做好呢？如果我们用计算机能懂的语言写出事情的处理方法，让计算机乖乖地执行，我们所做的就是编程工作了。将这种人类指挥计算机做事情的命令集中到一起，便得到了程序。

二、学习编程的理由

会编程是一种必备技能，在全世界都有着巨大的需求，无论将来从事哪个行业，学会编程都会让你受益匪浅，学会编程就等于拥有了一笔宝贵的"人生财富"。史蒂夫·乔布斯曾说过，"我认为每个人都应该学习编程，因为它能够教会你如何思考。"学习编程的目的并不是让你将来一定从事这方面的工作，而是在学习编程的过程中，提高自己的逻辑思维能力、试错能力、专注能力以及动手解决问题的能力，并增强各方面的综合能力。

三、为什么选择Python

Python是目前非常流行的编程语言，简单易用且功能强大，在数据处理、网络爬虫、大数据、人工智能等领域都有广泛应用，所以非常适合作为青少年学习编程的入门语言。通过学习Python，你很快就能编写出属于自己的实用程序，体会编程的乐趣。具体说来，Python拥有如下优点。

1. 简单易学

Python相对于其他编程语言来说，语法简单，代码可读性强，容易入门，非常适合编程初学者。

2. 资源丰富

Python有着非常强大的标准库和第三方库，基本上，你想通过计算机实现的任何功能，Python官方库里都有相应的模块用于提供支持，直接下载并调用即可。

3. 兼容性好

由于Python的开源本质，Python程序无须修改就可以移植到诸如Windows、Linux等主流系统平台上并运行，从而有效避免了依赖于系统的某些特性。

四、本书结构

本书共10章，其中第1~6章主要介绍Python编程的基础知识，第7~10章主要讲解Python的典型应用。从易到难，由简单到复杂，每章包含6个案例，每个案例以1个完整项目的制作为例，结构如下。

- ○ 项目规划：启动大脑，理解项目要求，思考项目是如何实现的。
- ○ 项目分析：详细讲解项目的构思和实现流程。
- ○ 项目实施：从准备活动到程序编写，图文结合，详细指导程序的编制。
- ○ 项目支持：准备好与案例相关的知识，为制作项目做准备工作。
- ○ 项目练习：通过练习，巩固学习效果。

五、本书如何使用

本书虽然以Python 3.8.2为载体，但却并不仅限于这一Python版本。为了使读者有较好的学习效果，建议学习本书时注意以下几点。

- ○ 兴趣为先：针对案例，结合生活实际，善于发现有趣的问题，乐于解决问题。
- ○ 循序渐进：对于初学者，刚开始新知识可能比较多，但不要害怕，更不能急于求成。请以小的案例为中心，层层铺垫，再拓展应用，提高编程技巧。
- ○ 举一反三：由于篇幅有限，本书案例只是某方面的代表，我们可以借鉴书中解决问题的方法，解决类似的案例或题目。
- ○ 交流分享：在学习过程中，建议和同伴一起学习，相互交流经验和技巧，相互鼓励，攻破难题。
- ○ 动手动脑：初学者最忌讳的是"眼高手低"，对于书中的案例不能只限于"纸上谈兵"，应该亲自动手，完成案例的制作，体验创造的快乐。
- ○ 善于总结：每一次案例制作都要有所收获，在学习之后，不忘总结制作过程，弄清错误根源，为下一次创作提供借鉴。

六、本书特点

本书适合初学者，只需要对Python编程感兴趣即可。为充分调动初学者的学习积极性，本书在编写时努力体现了如下特色。

- ⊙ 案例丰富：本书案例丰富，内容编排合理，难度适中。每个案例都有详细的分析和制作指导，降低了学习难度，使读者对所学知识更加容易理解。

- ⊙ 图文并茂：本书使用图片替换了大部分的文字说明，每一个案例中的项目实施过程都图文并茂，读者能轻松读懂描述的内容，边学边练。

- ⊙ 资源丰富：本书为所有案例配备了素材和源文件，还为读者自学录制了微课，无论是数量上还是内容上，读者都有了更多的选择。

- ⊙ 形式贴心：本书几乎对案例程序中的每一段代码都提供了注释，以便读者更好地理解每一行代码的用途。对于读者在学习过程中可能遇到的疑问，以"答疑解惑"等栏目进行说明，从而使读者在学习过程中少走弯路。

七、本书作者

参与本书编写的作者都是省级教研人员以及具有多年教学经验的中小学信息技术任课教师，他们曾经编写并出版过多本编程相关书籍，有着丰富的教材编写经验。

本书由方其桂担任主编，由宣国庆、刘斌担任副主编。本书由宣国庆(第1~6章)、林文明(第7章)、王军(第8章)、汪瑞生(第9章)、刘斌(第10章)等人共同编写，随书资源由方其桂整理制作。

虽然我们有着十多年撰写计算机图书(已累计编写、出版一百多种)的经验，并尽力认真构思、验证和反复审核修订，但本书难免有一些瑕疵。我们深知一本图书的好坏，要由广大读者检验评说，在此我们衷心希望读者对本书提出宝贵的意见和建议。我们的电子邮箱为ahjks2010@163.com，网站为http://www.ahjks.cn/。

本书的案例源代码、PPT课件、微课视频和习题答案可通过http://www.tupwk.com.cn/downpage网站或扫描下方二维码下载，我们的服务邮箱为476371891@qq.com。

案例源代码 +PPT 课件 + 习题答案

微课视频

方其桂

2021年冬

目录

第1章

Python 编程基础

史蒂夫·乔布斯曾说过，"我认为每个人都应该学习编程，因为它能够教会你如何思考。"

计算机编程语言有很多种，如Java、C++、C等，Python是其中既使用灵活，同时又十分简洁易懂的一种编程语言，受到越来越多的人青睐。

在学习使用Python编写程序之前，除了需要掌握Python软件的安装方法之外，还需要了解程序的编写规范。让我们通过本章的学习，开启Python编程之旅吧！

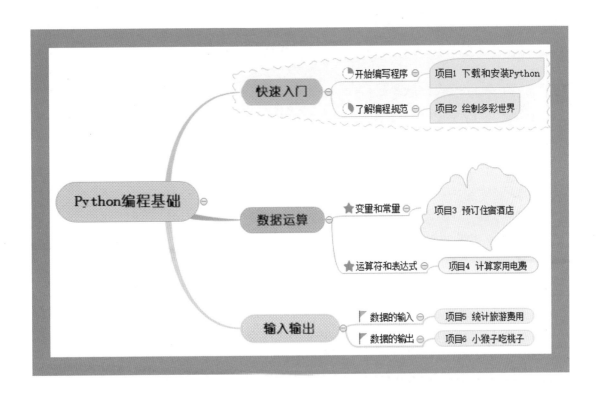

1.1 快速入门

Python不仅功能强大，而且有着非常丰富的第三方库，可以应用到很多领域，例如网站开发、网络爬虫、数据分析、游戏开发等。在正式开始编程之前，我们首先需要学习Python的安装和使用。

1.1.1 开始编写程序

Python可以在Windows、macOS、Linux、UNIX等操作系统中运行，因此，我们需要根据自己计算机中的操作系统来选择相应的版本。本节重点介绍Windows操作系统中Python的安装和使用。

◎项目1◎ 下载和安装Python

"工欲善其事，必先利其器。"在开始使用Python编写程序之前，需要先安装软件，再调试编译环境。

📍 项目规划

1. 理解题意

在Windows操作系统中安装Python并没有想象中的那么难，我们需要首先了解自己计算机中的操作系统的版本，版本不同，安装方式也会略有不同。

2. 问题思考

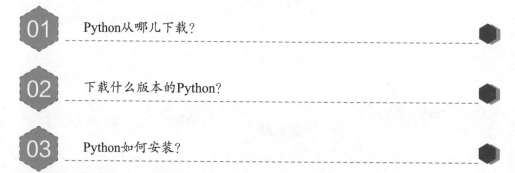

01　Python从哪儿下载？

02　下载什么版本的Python？

03　Python如何安装？

3. 知识准备

目前常见的Windows操作系统有Windows 7、Windows 10，同时它们又细分为32位和64位两种，那么如何查看自己计算机中的Windows操作系统的版本呢？

在计算机桌面上右击"此电脑"图标(Windows 7操作系统中对应的是"我的电脑"图标)，从弹出的快捷菜单中选择"属性"命令，在打开的"系统"窗口中即可看到系统版本，如下图所示。

项目分析

1. 思路分析

我们以64位的Windows 10操作系统为例，详细讲解Python的下载和安装方法。访问Python官网(https://www.python.org/downloads/windows/)，下载Python 3.8.2并进行安装。

2. 安装流程

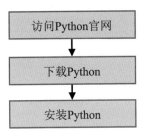

项目实施

1. 下载 Python

打开Python官网，按下图所示进行操作，下载安装程序。

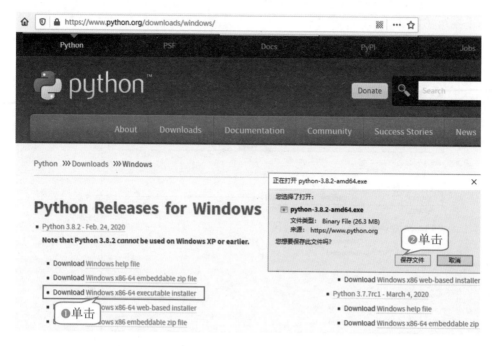

2. 安装 Python

双击下载的python-3.8.2-amd64.exe文件，按下图所示进行操作，安装Python。

安装Python时，如果选中Add Python 3.8 to PATH复选框，系统将自动设置好安装路径，之后当执行cmd命令时，就可以直接输入python以调用python.exe命令。

3. 查看安装结果

输入cmd命令后，进入DOS界面，输入python后按Enter键，当出现如下图所示字样时，表示Python安装成功。

📍 项目支持

1. 交互式命令行运行方式

在Windows 10操作系统中，在命令行界面中输入python后，就会出现Python的版本信息以及help、copyringht等4个命令提示，如下图所示。在看到表达式提示符<<<后，输入Python代码print("Hello world!")后按Enter键，得到的运行结果为"Hello world!"；输入"Python" *3后按Enter键，得到的运行结果为'Python Python Python'。交互式命令行运行方式虽然简单易用，但却不能保存输入的代码，一般不建议采用这种方式。

```
命令提示符 - python

C:\Users\shike>python
Python 3.8.2 (tags/v3.8.2:7b3ab59, Feb 25 2020, 23:03:10)
[MSC v.1916 64 bit (AMD64)] on win32
Type "help", "copyright", "credits" or "license" for more
information.
>>> print("Hello world!")
Hello world!
>>> "Python "*3
'Python Python Python '
>>>
```

2. IDLE 集成开发环境

在IDLE集成开发环境中可以编辑、运行、保存、浏览和调试Python程序。系统在安装Python时就会自动安装IDLE，在"开始"菜单中选择Python 3.8 → IDEL(Python 3.8 32-bit)命令，即可打开IDLE，界面如下图所示。

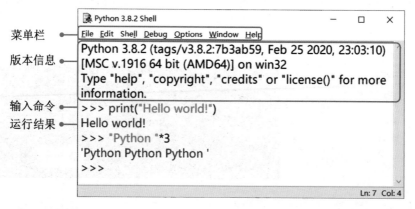

3. IDLE 脚本式编程

在IDLE中，选择File→Open命令，打开一个程序文件。然后选择Run→Run Module命令，运行结果如下图所示。IDLE使用不同的颜色来高亮显示关键字、常量等代码，这既美观又便于查找错误。

Python 程序   运行结果

📍 项目练习

1) 请你说一说如何选择合适的Python版本。

2) 从Python官网下载Python，并尝试在Windows操作系统中安装Python。

3) 请试着使用IDLE运行如下程序，输入123并写出运行结果。

```
x = input('请输入一个十进制整数：')
t = int(x)
binary = bin(t)
print('对应的二进制数为：',binary)
```

运行结果为：
请输入一个十进制整数：_____
对应的二进制数为：_____

1.1.2 了解编程规范

任何编程语言都有一套自己的基本编程规范，Python也不例外。下面通过"项目2　绘制多彩世界"，让我们一起学习Python语言的缩进规则、注释等内容。

◎项目2◎　绘制多彩世界

Python既可以进行科学计算，也可以绘制多彩的图形。在IDLE中打开"绘制多彩世界.py"程序，运行并查看结果。你还可以尝试修改程序中多边形的个数及边数，看看会有什么神奇的变化？

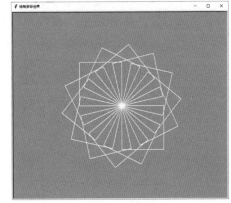

◉ 项目规划

1. 理解题意

运行Python程序，感受Python的神奇魅力；编写Python程序，可以轻松地画出各种精美的图案，稍加修改就能绘制出更加丰富的图案。为了掌握Python，我们需要了解Python的语法和编写要求。

2. 问题思考

01 怎样打开、修改和保存程序？

02 在Python语句中，代码的颜色有所不同，这有什么含义吗？

03 对每行语句进行缩进有意义吗？

3. 知识准备

在IDLE中，不同颜色的代码代表的含义也是不同的，默认情况下，字体颜色及说明如下表所示。

字体颜色	说明
黑色	自定义的变量及各种符号
紫色	Python自带的指令，如print
橙色	关键字，如 from、for
蓝色	自定义的函数名
绿色	字符串，如 'Python'
红色	语句的注释或错误提示

项目分析

1. 思路分析

本案例将通过运行、修改程序来让你体验第一次使用Python编写程序的乐趣。这个案例要求修改多边形的边数以及绘制的多边形个数。对于初学者来说，自己编写程序虽然很难，但却可以通过代码注释了解每行代码的含义，并尝试修改、保存和运行程序。

2. 项目流程

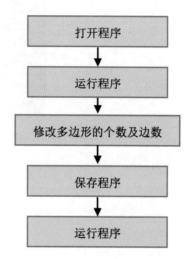

项目实施

1. 打开程序

打开IDLE后，按下图所示进行操作，打开"绘制多彩世界.py"程序。

2. 阅读程序

熟悉IDLE界面，阅读程序，通过注释了解代码的含义。

```
*绘制多彩世界.py - D:\第1章\绘制多彩世界.py (3.8.2)*            —    □    ×
File  Edit  Format  Run  Options  Window  Help
from turtle import*          # 定义变量a 为多边形的个数
a=14                         # 定义变量b 为多边形的边数
b=4                          # 画笔移动速度
speed(0)                     # 绘图时线条的宽度
width(6)                     # 绘图窗口的背景颜色
bgcolor('#fe8c36')           # 绘图窗口的背景颜色
color('white')               # 画笔的颜色
title('绘制多彩世界')          # 窗口的标题
def polygon(n):              # 自定义的多边形绘制函数,n 为多边形的边数
    for i in range(1,n+1):
        forward(150)         # 前进的步数
        right(360/n)         # 右转(360/n)度
for j in range(1,a+1):
    polygon(b)               # 绘制一个四边形
    right(360/a)             # 右转(360/a)度
                                                     Ln: 18  Col: 0
```

 #后面的内容为注释，一般用红色显示，它们通常用来说明或解释语句的用途，编程时可以不用输入。

3. 运行程序

选择Run→Run Module命令，运行程序，运行结果如下图所示。

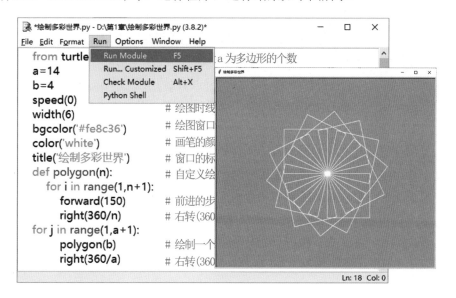

4. 修改程序

修改变量a和b的值，改变多边形的边数和个数，再次运行程序，运行结果如下图

所示。

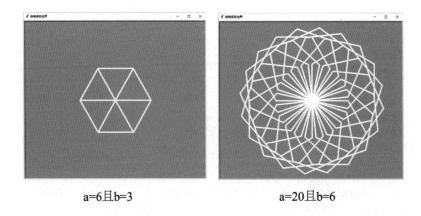

a=6且b=3   a=20且b=6

> Python程序在被修改后，当再次运行时，系统会弹出提示框，提示"Source Must Be Saved OK to Save？"，意思是程序必须先保存才能运行。单击"确定"按钮后，程序就可以运行了。

📍 项目支持

1. 代码规范

Python程序的可读性很强，Python使用缩进来表示语句块的开始和结束，并使用不同的颜色来高亮显示不同的代码，所以代码整体看起来简洁明了，且易于查错和维护。

- ❍ 高亮显示：Python使用不同的颜色来显示不同的代码。默认情况下，关键字为橙色，注释为红色，字符串为绿色，自带指令为紫色。使用颜色高亮显示代码也成了Python语法的一部分，这使得程序更容易区分不同的代码，提高可读性，降低出错率。
- ❍ 引号的使用：Python使用单引号(')、双引号(")或三引号(' ')来表示字符串，其中三引号多用于多行文本。
- ❍ 分号的使用：与其他编写语言不同，Python不在命令行的末尾加分号。当需要在一行中使用多条语句时，可以使用分号(;)作为分隔符。
- ❍ 字母大小写：模块名、函数名和变量名小写，常量名大写。
- ❍ 换行：Python代码如果太长，可以使用\符号进行换行。如果使用了小括号、中括号和大括号，那么直接按Enter键即可换行。
- ❍ 缩进：Python对缩进格式的要求非常严格，代码块中必须使用相同的缩进空格数。

2. 注释

Python中的注释可以帮助他人和自己理解代码，它们在程序执行时并不会运行，添加注释是一种良好的编程习惯。通常，Python中的注释分单行注释和多行注释两种。

- ○ 单行注释：以#开头，解释的语句只有一行。
- ○ 多行注释：当注释在一行中写不下时，可以使用多行注释。多行注释需要使用3个单引号或3个双引号括起来。

3. 代码缩进规则

Python使用缩进格式来体现代码之间的逻辑关系，缩进能使程序的结构变得清晰。一般情况下，Python使用4个空格来表示每一级缩进。编写程序时，一定要注意缩进格式，同一级代码块必须确保缩进的空格数量一致。如下图所示，缩进格式不同，程序运行结果也不同：左图中的程序在运行时会打印"程序结束！"字样，右图中的程序在运行时则不会打印"程序结束！"字样。

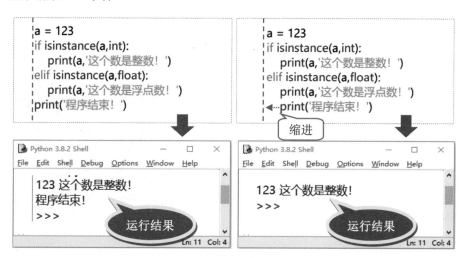

📍 项目练习

1) 尝试修改"绘制多彩世界.py"程序中的背景颜色、绘制的线条宽度以及画笔的颜色，然后运行程序并查看运行结果。

2) 阅读如下程序并写出运行结果。

```
#1-1-3.py
a = input('输入一个数：')
a = int(a)                          #将输入的字符串转换为整型
if (a%2==0):
    print(a,'是偶数')
else:
    print(a,'是奇数')
```

如果输入的第1个数是8，输出是：_____

如果输入的第2个数是23，输出是：_____

3) 试一试，编写程序，打印"Hello, Python！"，以1-1-4.py为文件名进行保存。

1.2　数据运算

利用Python编程语言编写程序的主要目的是处理各种数据运算。在Python中，处理的数据一般有常量和变量两种形式。

1.2.1　变量和常量

常量是指值不会发生改变的量，比如大家非常熟悉的圆周率 π 就是常量。变量则和常量相反，变量的值是可以变化的。

◎项目3◎　计算住宿费用

"五一"劳动节快到了，孙蓉一家计划去黄山旅游，她妈妈在网上预订了一家酒店，每天的房费是350元。请你编写一个程序，输入住宿的天数，计算出住宿需要花费的金额。

⊙ 项目规划

1. 理解题意

按照题目的要求，输入住宿的天数后，就能计算出旅游需要的住宿费用。酒店每天的房费是固定不变的，可以定义为常量；住宿的天数则为变量，可在程序执行过程中输入。

2. 问题思考

01 在Python中如何定义常量和变量？

02 常量和变量如何命名？

03 常量、变量和标识符之间的关系是什么？

3. 知识准备

在程序中，常量的值是不变的，在命名常量时，通常要求第一个字母大写或全部字母大写，如常量PI或Class。常量可以赋值为数字、字符串、空值等，如PI=3.14、Str= 'BeiJing'和Name= ' '。

在Python语言中，变量不需要定义，使用时可直接通过赋值操作来实现变量的声明和定义。变量名的第1个字符必须是字母或下画线(_)，如n=21.9，这表示定义了浮点型变量n。

◎ 项目分析

1. 思路分析

先定义房价常量Rent，再让用户输入住宿的天数days，最后计算出所需的住宿费用并打印出来。

2. 算法分析

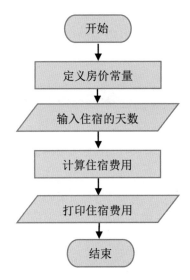

◎ 项目实施

1. 编写程序

项目3　计算住宿费用.py

```
1 Rent=350                        #定义Rent为每天房费
2 days=input( '请输入要住宿的天数：' )   #输入天数并赋值给变量days
3 days=int(days)                  #将days由字符串转换为整数
4 costs=Rent*days                 #计算住宿费用并赋值给变量costs
5 print( '住宿',days,'天，所需费用为：',costs,'元' )   #打印结果
```

2. 测试程序

第1次运行程序时，输入天数3；第2次运行程序时，输入天数5；查看并比较程序的执行结果。

```
请输入要住宿的天数: 3
住宿 3 天, 所需费用为: 1050 元
>>>
```

```
请输入要住宿的天数: 5
住宿 5 天, 所需费用为: 1750 元
>>>
```

3. 答疑解惑

在上述程序中，我们对变量days进行了两次赋值。首先，第2行语句将通过键盘输入的天数赋给了变量days，因为输入的是字符串，所以为了进行后面的数值计算，需要将字符串转换为整数，程序才能正常运行。其次，在第3行语句中，我们通过int函数将字符串转换为整数并再次赋给变量days。上述程序中用到的字符串、整型等数据类型方面的知识，我们将在后面的章节中进行详细讲解。

项目支持

1. 标识符

标识符是具有特定意义的标记或名称，作用就是标记常量、变量、函数和模块等对象。和其他编程语言一样，在Python语言中，标识符的命名也需要遵守一定的命令规则。

1) 标识符由字符(A~Z 和 a~z)、下画线和数字组成，但是数字不能作为第一个字符。

2) 标识符不能和 Python 中的关键字相同。关键字是Python中保留使用的特殊名称，如print、if等命令不能作为标识符。

3) Python中的标识符不能包含空格、@、% 以及 $ 等特殊字符。

4) 标识符区分大小写，例如T1和t1就是两个不同的标识符。

2. 变量的赋值

在Python中，变量是通过赋值完成创建的。可使用=对变量进行赋值，=的左边是变量名，=的右边是变量的值。这和数学中的等式是不同的，赋值操作会将=右边的值传递给=左边的变量。

1) 变量名=常量，如d=5。

2) 变量名=其他变量名，如a=1、b=a。

3) 变量名=表达式，如a=1、b=2、c=a+b。

4) 变量名=函数，如a=3.14、b=int(a)。

项目练习

1) 阅读程序，写出运行结果。

```
a=6
b=15
c=a
c=b
print(a,b,c)
```

```
a=12
b=7
c=a+b
print(a,b,c)
```

输出的结果是：_____　　输出的结果是：_____

2) 试一试，编写程序，求圆的面积和周长，以1-2-1.py为文件名进行保存。

1.2.2　运算符和表达式

Python语言在处理数据时是通过运算符和表达式来进行操作的。与数学运算相似，在Python中，可由变量、常量和运算符组成表达式，从而实现运算。

◎项目4◎　**计算家用电费**

家用电费怎么算？一度电的费用是不固定的，有很多地方是按照时间段收费的。H市的电费收费标准如右图所示，请你编写一个程序，输入各时段的用电量，计算每个月的电费。

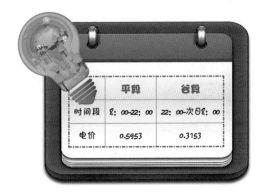

	平段	谷段
时间段	8：00-22：00	22：00-次日8：00
电价	0.5953	0.3153

📍 **项目规划**

1. 理解题意

H市的家庭用电收费使用的是阶梯电价，在平段时间用电每度0.5953元，在谷段时间用电每度0.3153元，总电费的计算公式如下图所示。

总电费=0.5953×平段使用电量+0.3153×谷段使用电量

2. 问题思考

01　数学符号加、减、乘、除对应的Python运算符是什么？

如何将代数式改为相应的Python表达式？

03 运算符的优先级是怎样的？

3. 知识准备

算术运算符的作用和数学中的运算符一样的，下表列出了Python中常用的算术运算符。

运算符	说明	示例	运算结果
+	加法	12 + 34	46
–	减法	3.4 – 1.2	2.2
*	乘法	2 * 3	6
/	除法	9 / 4	2.25
%	取余，返回除法的余数	9 % 4	1
//	整除，返回商的整数部分	9 // 4	2
**	幂	3 ** 2	9

◉ 项目分析

1. 思路分析

首先输入用户在平段和谷段时间的用电量，然后利用表达式完成总电费的计算。

2. 算法分析

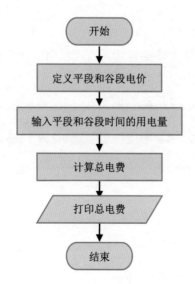

开始

定义平段和谷段电价

输入平段和谷段时间的用电量

计算总电费

打印总电费

结束

📍 项目实施

1. 编写程序

项目4　计算家用电费.py

```
1  PDPrice=0.5953                              #定义平段电价常量
2  GDPrice=0.3153                              #定义谷段电价常量
3
4  pdnum=float(input("请输入本月平段用电量: "))
5  gdnum=float(input("请输入本月谷段用电量: "))
6
7  price=pdnum*PDPrice+gdnum*GDPrice           #利用表达式计算总电费
8  print("本月总电费为",price)                   #打印总电费
```

2. 测试程序

第1次运行程序时，先输入平段用电量53，再输入谷段用电量18。

第2次运行程序时，先输入平段用电量40.5，再输入谷段用电量20.4。

程序运行结果如下图所示。

```
请输入本月平段用电量: 53
请输入本月谷段用电量: 18
本月总电费为 37.2263
>>>
```

```
请输入本月平段用电量: 40.5
请输入本月谷段用电量: 20.4
本月总电费为 30.541770000000003
>>>
```

3. 优化程序

在测试程序时，计算出的总电费有包含4位小数的，也有包含15位小数的。我们可以对程序稍加修改，设定显示的小数位数，如下图所示。

```
PDPrice=0.5953
GDPrice=0.3153

pdnum=float(input( '请输入本月平段用电量: ' ))
gdnum=float(input( '请输入本月谷段用电量: ' ))

price=pdnum*PDPrice+gdnum*GDPrice
print( '本月总电费为%.2f' %(price))              ——→ 保留两位小数
```

📍 项目支持

1. 关系运算符

关系运算符用于对运算符两边的变量或常量进行比较运算，如比较大小以及判断是否相等和真假等。如果比较结果正确，则返回True(真)，否则返回False(假)。

关系运算符	说明	示例	运算结果(假设a=8、b=2)
==	等于，比较两个对象是否相等	a == b	False
!=	不等于，比较两个对象是否不相等	a!= b	True
>	大于，返回a是否大于b	a > b	False
<	小于，返回a是否小于b	a < b	True
>=	大于或等于，返回a是否大于或等于b	a >= b	False
<=	小于或等于，返回a是否小于或等于b	a <= b	True

2. 逻辑运算符

逻辑运算符用于进行逻辑判断，如and、or、not，它们的使用说明如下表所示。

逻辑运算符	说明	示例
and	与，当a和b都为True时，返回 True，其他情况都返回False	a and b
or	或，a和b中只要有一个为True，就返回True	a or b
not	非，当a为True时返回 False，当a为False时返回True	not a

3. 赋值运算符

最常见的赋值运算符就是=，表示把=右边的值赋给左边的变量。其他的赋值运算符都是算术运算符的简写。

赋值运算符	说明	示例
=	将=右边的值赋给左边的变量	a= b
+=	加法赋值运算符	a+= b 等效于 a = a + b
-=	减法赋值运算符	a -= b 等效于 a = a - b
*=	乘法赋值运算符	a *= b 等效于 a = a * b
/=	除法赋值运算符	a /= b 等效于 a = a / b
%=	取模赋值运算符	a %= b 等效于 a = a % b
**=	幂赋值运算符	a **= b 等效于 a = a ** b
//=	取整除赋值运算符	a //= b 等效于 a = a // b

4. 运算符的优先级

和数学一样，Python语言中的运算符也是有优先级的。下表按照优先级从高到低的顺序列出了常见的运算符。

运算符	说明
**	指数
*、/、%、//	乘、除、取模和取整除
+、-	加法、减法
<=、<、>、>=	关系运算符
<>、==、!=	关系运算符
=、%=、/=、//=、-=、+=、*=、**=	赋值运算符
not、or、and	逻辑运算符

项目练习

1) 计算下列关系表达式的值，并上机验证。

    (1) 9 > 6   ———————

    (2) 12+56 > 90   ———————

    (3) 4*2 != 2**3   ———————

    (4) 9 % 2 == 0   ———————

    (5) 15 // 2 == 7   ———————

2) 阅读程序，写出运行结果。

```
d = int( input( '输入天数：' ))
m = d // 30
d = d % 30
print( 'months= ' ,m, 'days= ' ,d )
```

输入天数：31

输出：————————————

3) 试一试，编写程序，通过键盘输入一个数，判断它是否为正数。

1.3　输入输出

    Python编程需要人机交互，一般情况下，程序都有数据的输入输出部分。输入语句用于获取程序执行所需要的数据，输出语句用于将程序的执行结果反馈给用户。

1.3.1 数据的输入

Python语言使用input()函数来接收用户通过键盘输入的数据，不管用户输入的是什么，最终接收到的值都是字符串类型。

◎ 项目5 ◎ 统计旅游开支 ∷∷∷∷∷∷∷∷∷∷∷∷∷∷∷∷∷∷∷∷∷∷∷∷∷∷∷

在结束庐山旅行之后，李祥想编写一个程序，输入这次旅行的各项开销，然后计算出这次旅行的总费用。

📍 项目规划

1. 理解题意

根据项目要求，编写程序。在输入交通费132元、住宿费658元、门票160元、餐费145元之后，直接打印出此次旅行的总费用。

2. 问题思考

01 Python是如何实现数据输入的？

02 input()函数的语法格式是什么？

03 如何将输入的字符串转换成能够进行计算的数值型数据？

3. 知识准备

Python语言使用input()函数来接收用户输入的数据，语法形式如下：

```
变量名=input('输入提示文字')
例如：a= input('请输入交通费：')
```

⌖ 项目分析

1. 思路分析

先输入各项费用，再计算总费用，最后打印总费用。

2. 算法分析

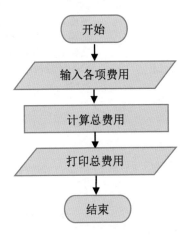

⌖ 项目实施

1. 编写程序

项目5　统计旅游开支.py

```
1  jtf=float(input('请输入交通费： '))
2  zsf=float(input('请输入住宿费： '))          # 用户输入各项费用
3  mp=float(input('请输入门票： '))
4  cf=float(input('请输入餐费： '))
5  zfy=jtf+zsf+mp+cf                            # 计算总费用
6  print('总的旅游费用为： ',zfy)               # 打印总费用
```

2. 测试程序

运行程序，输入各项费用，查看程序的执行结果。

```
请输入交通费：132
请输入住宿费：658
请输入门票：160
请输入餐费：154
总的旅游费用为：1095.0
>>>
```

3. 答疑解惑

上述程序使用input()函数来接收用户通过键盘输入的字符串，但是字符串不能直接进行计算，考虑到费用有可能包含小数，因此我们使用float()函数将接收的字符串转换成小数。如果不转换的话，程序运行后，执行的将不是数值计算，而是将输入的4个字符串连接在一起。

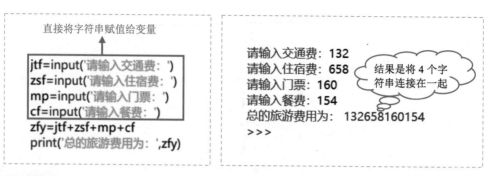

📍项目练习

1) 阅读下面的两个程序，输入第一个数12和第二个数33，写出运行结果。

```
a = int(input('输入第一个数：'))
b = int(input('输入第二个数：'))
print(a+b)
```

```
a = input('输入第一个数：')
b = input('输入第二个数：')
print(a+b)
```

输出：_____   输出：_____

2) 阅读并完善程序。如下程序实现的功能是从键盘输入姓名和年龄，然后判断是否达到骑共享单车的年龄要求。请阅读程序，将横线上缺少的部分补充完整，写出程序运行结果。

```
name = input( '请输入你的姓名：')
age = input( '请输入你的年龄：')
_____❶_____
if age >= 12:
        print(_____❷_____ ',  共享单车锁已开，骑行请注意安全！')
else:
        print( name +',  很遗憾，未满 12 岁，不能骑共享单车！')
```

空格❶：_____
空格❷：_____
如果输入12，输出结果是：_____

1.3.2 数据的输出

数据的输出一般是指显示程序的执行结果。Python语言使用print()函数来实现这一功能，在前面的内容中，我们已经多次使用了print()函数。

◎项目6◎　**猪八戒的难题**

　　花果山和高老庄两地相距80千米，孙悟空的飞行速度是15千米每分钟，猪八戒的飞行速度是5千米每分钟，孙悟空出发半分钟后，猪八戒才出发。若两人分别从两地出发，相对而行，猪八戒想知道出发后几分钟能与孙悟空相遇。你能编写程序，帮猪八戒解决这个难题吗？

🔵 **项目规划**

1. 理解题意

　　按照题意，先输出题目中的各项条件，再根据条件计算出孙悟空和猪八戒相遇的时间，最后输出计算结果。

2. 问题思考

01　　Python是如何实现数据输出的？

02　　print()函数的语法格式是什么？

03　　数据如何按照指定的格式输出？

3. 知识准备

Python语言使用print()函数来输出数据，语法形式如下：

```
print(value,…,sep='',end='\n')
例如：print('Hello,Python!')
```

各项参数的具体含义如下。

❑　value表示输出的值，后面的省略号表示输出的值可以有多个。例如print('a', 'b', 'c')，当需要输出多个字符时，字符之间可使用逗号进行分隔。

○ sep用于定义将要输出的多个对象之间的分隔符。例如print(a, ' ',b)，这表示在输出的两个变量之间使用空格作为分隔符。默认就是以空格作为分隔符的。

○ end用来设定以什么结尾。默认以换行符\n结尾，例如print()输出的就是一个空行；也可以空格结尾，例如end=" "。

📍 项目分析

1. 思路分析

写一写　如果采用数学的方法，如何求孙悟空和猪八戒相遇的时间？请将数学算式填写在下框中。

试一试　程序最终要打印出两人相遇的时间，请你想一想如何用print()函数来实现，并尝试在下框中写出对应的输出语句。

Print(_____)

2. 算法分析

开始

输出两地之间的距离

输出孙悟空的飞行速度

输出猪八戒的飞行速度

计算两人相遇时间

输出结果

结束

项目实施

1. 编写程序

项目6　猪八戒的难题.py

```
1  print('花果山和高老庄两地相距80千米,')
2  print('孙悟空的飞行速度是10千米每分钟,')
3  print('猪八戒的飞行速度是5千米每分钟,\n',          # \n 表示换行输出
4      '孙悟空出发半分钟后，猪八戒才出发。')
5  t=(80-10*0.5)/(10+5)                              # 计算两人相遇时间
6  print('若两人相对而行，%.2f分钟后便能相遇。'%t)      # 输出相遇时间
```

2. 测试程序

运行程序，查看程序的执行结果。

```
花果山和高老庄两地相距80千米,
孙悟空的飞行速度是10千米每分钟,
猪八戒的飞行速度是5千米每分钟,
孙悟空出发半分钟后，猪八戒才出发。
若两人相对而行, 5.00分钟后便能相遇。
```

3. 答疑解惑

在输出的字符串的中间，如果想要输出变量，那么可以在想要输出变量的位置添加%f等占位符(格式化占位符的具体介绍参见稍后的"项目支持")，并在字符串的后面加上%和具体的变量。如下图所示，上述程序中的第6行输出语句在执行时，会将变量t的值对应输出到位置❶。

项目支持

1. print()函数的格式化输出

print()函数利用格式化占位符实现数据输出的方法如下表所示。

格式化占位符	说明	示例	运行结果
%d	十进制整数	>>> a=14 >>> print('你的年龄是%d岁。'%a)	你的年龄是14岁。
%f	浮点数	>>> print('圆周率是%f'%3.14)	圆周率是3.140000
%s	字符串	>>> zkzh= '20200608' >>> print('您的准考证号是%s'%zkzh)	您的准考证号是20200608

2. 数据的输出格式

print()函数利用格式化占位符来控制数据的输出格式。

1) 设置输出场宽。

在格式化占位符中，%和字母之间的数字表示最大场宽，例如：%3d表示输出3位整数，不足3位的话右对齐；%6.2f表示输出场宽为6的浮点数，其中小数占两位，整数占三位，小数点占一位，不足6位的话右对齐。

2) 设置输出的对齐方式。

在格式化占位符中，%和字母之间的-符号表示左对齐，没有的话表示右对齐。例如，%-5d表示输出5位整数，并且数字左对齐。

项目练习

1) 阅读下面的程序，写出运行结果。

```
print( )
print( 'www.python.org' )
print( 2020, '年', 5 , '月', sep = '-' )
print( 'a', 'b', 'c',end=' ' )
print( 123 )
```

运行结果为：
_____
_____
_____
_____
_____

2) 阅读下面的程序，写出运行结果。

```
name='张晓松'
jf=2020
print('您好，%s！您的积分是%d' %(name,jf))
```

运行结果为：_____

第2章

Python 数据类型

从本章开始，我们就要开始真正地动手编程了。在第1章，我们了解了编码规则，现在还需要搞清楚的就是数据类型，这是学习编程的基础。

我们使用计算机编写程序的目的就是加工处理各种数据，如大量的科学计算、逻辑是非的判断、文字信息的分类整理等，这些数据所属的类型不同。本章将介绍Python的几种基本数据类型以及与这些数据类型相关的运算。下面就让我们一起来系统地学习这些基本的数据类型吧！

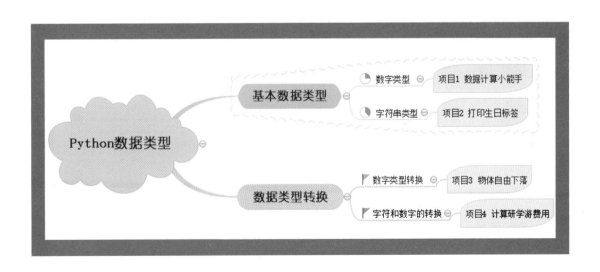

2.1 基本数据类型

Python的基本数据类型有整型int、浮点型float、布尔型bool、字符串型str等。本节将详细介绍这些基本数据类型的概念和操作方法。

2.1.1 数字类型

比较常见的数字类型有整型int和浮点型float。整型就是整数，而浮点型则是带小数的数字(浮点数)，这两种类型的数据都可以进行加、减、乘、除等运算。

◎项目1◎ 数据计算小能手 ::::::::::::::::::::::::::::::::::

都说Python的数字计算能力很强，不管是整数还是浮点数，也不管是十进制数、二进制数还是十六进制数，都能快速算出答案。请你帮张兰同学出6道计算题，测试一下Python的数字计算能力。

⚲ 项目规划

1. 理解题意

根据题意，设计6道不同类型、不同进制数的计算题，然后编写程序，利用print语句直接打印出计算结果。

2. 问题思考

01 整数的大小有范围限制吗？

02 print()函数的语法格式是什么？

3. 知识准备

1) 整型。

Python语言中的整型和数学中的整数在概念上相同，支持如下4种进制表示形式：十进制、二进制、八进制和十六进制。默认情况下，整数都用十进制(0~9)来表示，如2、15等。在Python 2中，整数的大小是有范围限制的；而在Python 3中，整数不论大小，都不再有范围限制。

2) 浮点型。

浮点型可以简单理解为数学中的浮点数，由整数和小数两部分组成，如3.1415926、−1.234、56.00等。浮点型还可以表示成科学记数法的形式，如1.12×10^2可以表示成1.12e2的形式。

项目分析

1. 思路分析

○ **填一填**　数学中常用的数学符号+、−、×、÷在Python中可分别用＿＿＿＿＿＿＿、＿＿＿＿＿＿＿、＿＿＿＿＿＿＿、＿＿＿＿＿＿＿符号来表示。

○ **查一查**　Python语言中的二进制、八进制、十六进制如何表示？请将你知道的方法填写在下框中。

> 二进制数：＿＿＿＿＿＿＿＿＿＿＿＿＿＿＿＿＿＿＿＿＿＿＿＿
>
> 八进制数：＿＿＿＿＿＿＿＿＿＿＿＿＿＿＿＿＿＿＿＿＿＿＿＿
>
> 十六进制数：＿＿＿＿＿＿＿＿＿＿＿＿＿＿＿＿＿＿＿＿＿＿

2. 算法分析

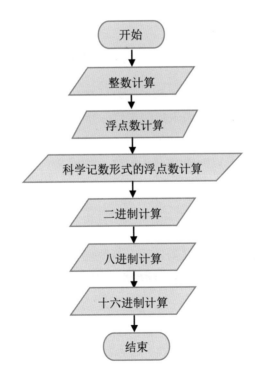

📍 项目实施

1. 编写程序

项目1　数据计算小能手.py

```
1 print( 999999999+888888888 )          # 整数计算
2 print( 5678.1234*9876.4321 )          # 浮点数计算
3 print( -12.3e2/3.34e2 )               # 科学记数形式的浮点数计算
4 print( 0b1111*0b1001 )                # 二进制计算
5 print( 0o1234567*0o7654321 )          # 八进制计算
6 print( 0xeeff-0xabcd )                # 十六进制计算
```

2. 测试程序

运行程序，查看运行结果。

```
1888888887
56079600.21552114
-3.682634730538922
135
703391978023
17202
>>>
```

3. 答疑解惑

Python支持整数、浮点数等数字类型的运算。默认情况下，这些数都是十进制数。上述程序的第4~6行进行的不是常规的十进制运算，而是分别对二进制数、八进制数、十六进制数进行计算。二进制数是以0b或0B开头的数，如0b1001；八进制数是以0o或0O开头的数，如0o1267；十六进制数是以0x或0X开头的数，如0x6f。

📍 项目支持

1. 复数型

数字类型中除了整型和浮点型之外，还有复数型。复数由实数和虚数两部分构成，语法格式为$a+bj$。其中，实数部分a和虚数部分b都为浮点型，如3+26j。

2. 布尔型

布尔型是用来表示逻辑的简单类型，在Python 2中只有0和1两个值，分别表示假(False)和真(True)。到了Python 3，True和False虽然被定义为保留关键字，但对应的数据仍然是1和0。布尔型数据主要用于and、or和not运算，具体运算方法下表所示。

运算	说明	示例

and	与运算，当所有条件都为True时，运算结果为Tue，否则为False	>>> True and True
		Tue
		>>> True and False
		False

or	或运算，只要其中一个为True，运算结果就为True，否则为False	>>> True or False
		True
		>>> False or False
		False

not	非运算，把True变为False，把False变为True	>>> not True False >>>not False True

📍 项目练习

1) 模仿项目1编写程序，上机运行并在横线上写出计算结果。

> (1) 956634/21334　　　＿＿＿＿＿＿＿＿＿
>
> (2) 12*56　　　　　　　＿＿＿＿＿＿＿＿＿
>
> (3) -0.33j*1.24　　　　＿＿＿＿＿＿＿＿＿
>
> (4) 4.33E3+1.22e2　　＿＿＿＿＿＿＿＿＿
>
> (5) 0o665533/0b101　＿＿＿＿＿＿＿＿＿

2) 阅读并完善如下程序。

```
# 2-1-1.py
a=12
b=20
＿＿＿＿＿＿＿＿
print( '矩形的周长是', c)
```

3) 试一试，仿照上一题编写程序，求下图所示梯形的面积，以文件名2-1-2.py保存。

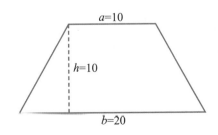

2.1.2　字符串类型

　　字符串就是用单引号或双引号括起来的一串字符，其中的字符可以是英文、中文、数字、符号等。字符串是Python语言中最常用的数据类型，我们在前面已经多次接触过，比如在介绍输入语句时，凡通过键盘输入的数据都是字符串类型。

◎项目2◎　打印生日标签

　　工会计划在生日当天为每一位员工赠送一份生日礼物，但是现在缺少个人档案，只有一张记录着姓名和身份证号的员工信息表。你能编写程序，通过身份证号获取员工的性别和生日信息，并按照下图所示格式打印出来吗？

```
============================
姓名：梁晓波      性别：男
----------------------------
出生日期：1988年05月04日
============================
```

📍 项目规划

1. 理解题意

　　按照题意，生日标签需要包括姓名、性别、生日等信息。性别、生日信息必须通过身份证号获取，最后按照指定的格式输出。为了编程实现上述功能，就必须了解身份证号的深层含义，如下图所示，身份证号的第7~14位是出生日期，身份证号的倒数第2位表示性别，奇数为男性，偶数为女性。

身份证号（id）：

2. 问题思考

01　程序如何获取员工的姓名和身份证号？

02　如何从身份证号中获取性别、生日等信息？

03　姓名、性别、生日等信息如何按照固定格式输出呢？

3. 知识准备

1) 字符串索引。

字符串中的每一个字符都有对应的位置编号，称为索引值。Python可以根据索引值查找和提取字符串中的字符。通常，字符串的索引值有两种编号方案——正向索引和反向索引。如下图所示，对于字符串str= "我们一起学编程"，str[4]= str[-3]='学'。

正向索引	0	1	2	3	4	5	6
字 符 串	我	们	一	起	学	编	程
反向索引	-7	-6	-5	-4	-3	-2	-1

2) 字符串切片。

就像吐司面包可以切片一样，字符串也可以只截取其中一部分，格式为str[start:end: step]。其中，start为起始索引值，end为结束索引值，step(步长)表示索引从开始到结束的增减规律。step为正，正向索引；step为负，反向索引；step为1时可省略。例如，下面对字符串str="我们一起学编程"进行切片运算，str[2:4]=str[-5:-3]="一起"。具体的切片运算及示例详见下表中的说明。

切片运算	说明	示例
str[m]	提取索引值为m的字符	str[1] = '们'；str[-1] = '程'
str[m:n]	提取索引值从m到n-1的字符	str[0:2] = str[-7:-5] = "我们"
str[m:]	提取索引值从m到结尾的字符	str[4:] = "学编程"
str[:n]	提取从开始字符到索引值为n-1的字符	str[:4] = "我们一起"
str[:]	提取str字符串中的所有字符	str[:] = "我们一起学编程"
str[::-1]	通过设置step为-1，将str字符串反转	str[::-1] = "程编学起一们我"

3) format()格式化输出。

在Python程序中，如果要同时输出多项内容，那么可以利用format()格式化方法，准确设定各项输出内容所在的位置。具体方法如下，其中花括号作为占位符，用于为想要输出的内容预留位置。

```
<模板字符串>.format(<以逗号分隔的参数>)
例如："I'm{},I'm {}years old.".format('XuanXuan',16)
输出结果："I'm XuanXuan,I'm 16 years old."
```

📍 项目分析

1. 思路分析

首先将身份证号赋值给字符串变量id，并通过执行字符串的切片操作获取指定位置的字符，然后将截取的出生日期字符串赋值给变量birthday——birthday=id[5:13]。

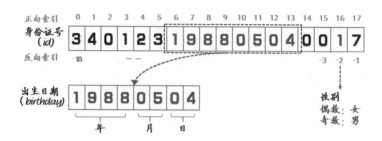

2. 项目流程

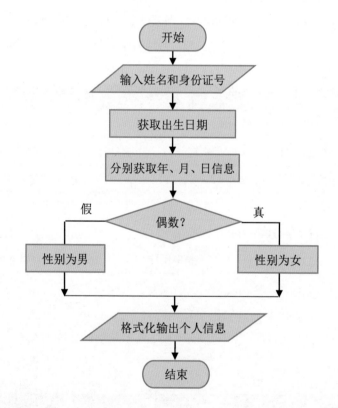

项目实施

1. 编写程序

项目2　打印生日标签.py

```
 1 name=input('请输入你的姓名：')
 2 id=input('请输入你的身份证号码：')
 3 birthday=id[6:14]              # 截取身份证号的第 7~14 位数字
 4 year=birthday[:4]             # 出生日期的第 1~4 位为年
 5 month=birthday[4:6]           # 出生日期的第 5 和 6 位为日
 6 day=birthday[6:]             # 出生日期的第 7 和 8 位为月
 7 genders=int(id[-2])          # 截取身份证号的倒数第 2 位数字
 8 if genders%2==0:              # 若为偶数，则为女性，否则为男性
 9     genders='女'
10 else:
11     genders='男'
12
13 print('===========================')
14 print('姓名：{}      性别：{}'.format(name,genders))
15 print('---------------------------')      # 打印结果
16 print('出生日期：{}年{}月{}日'.format(year,month,day))
17 print('===========================')
```

2. 测试程序

运行程序，输入姓名"陆妍"和身份证号341821199305100641，查看程序的执行结果。

```
请输入你的姓名：陆妍
请输入你的身份证号码：341821199305100641
===========================
姓名：陆妍     性别：女
---------------------------
出生日期：1993年05月10日
===========================
>>>
```

3. 答疑解惑

上述程序在打印个人的姓名、性别和生日信息时，使用了format()格式化方法。在format()格式化方法中，可使用花括号作为占位符，设定好打印格式后，再将个人信息按照位置的先后顺序对应输出。这种使用占位符给输出变量预留位置的输出方法，使得打印方式更加灵活方便。

◎ 项目支持

1. format 占位符

format占位符的默认顺序为0、1、2、…，format参数的顺序也是0、1、2、…。默认状态下，format占位符将引导format参数值按顺序依次填入花括号中，实现输出。另外，在format占位符中也可以预先填入参数的序号。例如：

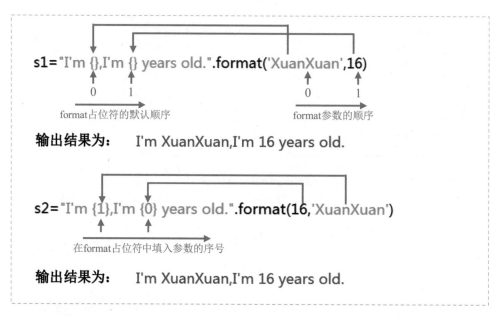

输出结果为： I'm XuanXuan,I'm 16 years old.

输出结果为： I'm XuanXuan,I'm 16 years old.

2. 字符串的连接

在Python中，字符串的连接方式有多种。除了使用+操作符这种方式以外，还可以使用*、逗号以及join方法来进行连接，如下表所示。

连接方式	说明	示例	运行结果
s1+s2	连接字符串s1和s2	>>>'python' + '3.8'	'python3.8'
s1*n	将字符串s1复制n次	>>> 'Ab'* 3	'Ab Ab Ab '
print(s1, s2)	使用逗号连接字符串s1和s2	>>>print('a','b')	'ab'
str1.join(str)	连接输出	>>>'-'.join('hello')	'h-e-l-l-o'

📍 **项目练习**

1) 阅读程序，写出运行结果并上机验证。

> (1) >>> print('s1+s2')　————————
>
> (2) >>> print('s1'+'s2')　————————
>
> (3) >>> print('s'+'7')　————————
>
> (4) >>> print('2'*3)　————————
>
> (5) >>>print(2*3)　————————

2) 根据运行结果，完善如下程序。

```
#2-1-3.py
name =input('请输入你的姓名：')
school =input('请输入你的学校：')
class =input('请输入你的班级：')
num=input('请输入你的准考证号：')
print('--------------------------------')
print('考生姓名：{}\n 学校：{}\n 班级：{}\n 准考证号：{}\
        .format( ❶_____ , ❷_____ , ❸_____ , ❹_____ ))
print('--------------------------------')
```

```
------------------------------
考生姓名：李想
学校：方舟中学
班级：九（1）班
准考证号：3401020
------------------------------
```
运行结果

2.2　数据类型转换

在Python语言中，常用的基本数据类型有数字、布尔型和字符串等。不同类型的数据之间如果要进行相关操作，就必须进行类型转换。

2.2.1　数字类型转换

Python在处理数据时会不可避免地用到数据类型的转换，比如整型和浮点型之间的转换。Python提供了int()和float()等函数来实现数字类型的快速转换，掌握数字类型之间的转换方法，有利于提升编程效率。

◎**项目3**◎　**物体自由下落**　∷∷∷∷∷∷∷∷∷∷∷∷∷∷∷∷∷∷∷∷∷∷∷∷∷∷∷∷∷∷∷∷∷∷∷

我们知道，在地球引力的作用下，物体在从高空下落时，会由静止开始做自由落体运动。请编写程序，完成如下两道计算题。

1) 一物体从高空下落4秒钟，求下落距离是多少米。

2) 输入物体下落的距离，比如20米，求下落时间是多少。

📍 项目规划

1. 理解题意

按照题目的要求，一是已知物体的自由落体时间，求下落距离；二是已知物体的下落距离，求下落时间。为了解决这两个问题，你需要知道位移的计算公式 $h = \dfrac{1}{2}gt^2$ 以及时间的计算公式 $t = \sqrt{\dfrac{2h}{g}}$，利用这两个公式即可计算出答案。

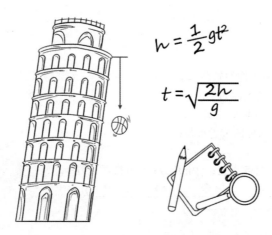

2. 问题思考

01 在这个项目中，哪些数据是整型？哪些数据是浮点型？

02 整数和浮点数应如何定义？

03 整数和浮点数之间如何转换？

3. 知识准备

1) int()函数。

int()函数可以将其他数字类型或符合数字格式要求的字符串转换成整数，语法格式如下：

```
int(x,base)          x为数字或字符串，base默认为十进制
例如：int('66')       将字符串'66'转换成整数，结果为66
      int('34',8)    将字符串'34'作为八进制数转换为十进制整数，结果为28
```

2) float()函数。

float()函数可以将其他数字类型和符合数字格式要求的字符串转换成浮点数，小数部分如果没有的话，就用0补齐，语法格式如下：

```
float(x)             x为数字或字符串
例如：float(2)        将数字2转换为浮点数，结果为2.0
      float('-12.34') 将字符串转换为浮点数，结果为-12.34
```

项目分析

1. 思路分析

○ **试一试**　第1题求物体的下落距离，请将距离的计算公式 $h = \dfrac{1}{2}gt^2$ 转换为Python表达式，并填写在下框中。其中，时间t是整数，重力加速度$g=9.8$，g和h都是浮点数。

将 $h = \dfrac{1}{2}gt^2$ 改写为 Python 表达式：

_____

○ **想一想**　对于第2题，下落时间的计算公式为 $t = \sqrt{\dfrac{2h}{g}}$，请转换成Python表达式并填写在下框中。同时注意，为了求平方根，需要用到math模块中的sqrt()函数，因此必须在程序的开头导入math标准函数库。

将 $t = \sqrt{\dfrac{2h}{g}}$ 改写为 Python 表达式：

_____

2. 算法分析

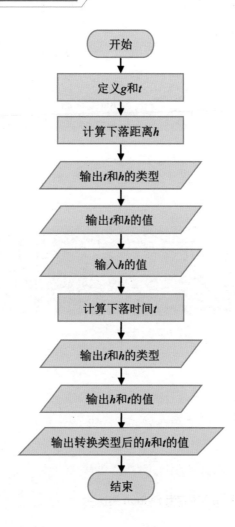

📍 项目实施

1. 编写程序

项目3　物体自由下落.py

```
1  import math                                                    # 导入math标准函数库
2
3  g = 9.8                                                         # 重力加速度g
4  t = 4
5  h = g * t * t / 2                                               # 计算下落距离h
6  print('(1) t的类型：{}。h的类型：{}。'.format(type(t),type(h)))   # 打印第1题中t和h的类型
7  print('   自由下落{}秒钟，下落的距离是{}米。'.format(t, h))        # 打印t和h的结果
8                                                                  # 输入h并转换成整数
9  h =int(input('   请输入下落的距离(米)：'))
10 t = math.sqrt(h * 2 / g)                                        # 计算下落所需的时间t
11 print('(2) t的类型：{}。h的类型：{}。'.format(type(t),type(h)))   # 打印第2题中t和h的类型
12 print('   自由下落{}米，需要{}秒。'.format(h, t))                 # 打印h和t的结果
13 print('   类型转换后：\n   自由下落{}米，需要{}秒。'.format(float(h), int(t)))
                                                                   # 打印转换类型后的h和t的值
```

2. 测试程序

运行程序，结果如下。

```
(1) t的类型: <class 'int'>。h的类型: <class 'float'>。    # <class 'int'>表示t为整型
    自由下落4秒钟，下落的距离是78.4米。
    请输入下落的距离(米): 20
(2) t的类型: <class 'float'>。h的类型: <class 'int'>。
    自由下落20米，需要2.0203050891044216秒。
    类型转换后:
    自由下落20.0米，需要2秒。
>>>
```

3. 答疑解惑

数据类型转换分为自动类型转换和强制类型转换两种。例如时间变量t，在上述程序的第4行t=4中，t被赋值为4，t是整型；而在第10行t = math.sqrt(h * 2 / g)中，t被重新赋值为浮点数，此时t便由整型转换成浮点型。在程序的最后一行，我们利用float()和int()函数分别将h和t强制转换成了浮点型和整型。需要注意的是，当利用int()函数对浮点数取整时，会直接舍去小数部分，因此数的精度会降低。

另外，上述程序使用type()函数来查看当前时间t和下落距离h的数据类型。查看程序的运行结果，第一行表示通过type()函数查询到t是int整型、h是float浮点型。

项目支持

1. type()函数

type()函数是Python内置函数，使用type()函数可以查看程序中指定变量的类型。例如，当n=12时，print(type(n))语句的执行结果就是<class 'int'>，这表明查询的变量n是整型。

2. math 模块

math模块是Python内置的数学函数库，里面包含了多个数学常量和函数，比较常见的常量与函数如下表所示。

函数或常量	说明	示例	运行结果
pi	圆周率 pi	>>>math.pi	3.141592653589793
e	自然常数e	>>> math.e	2.718281828459045
sqrt()	求平方根函数	>>>math.sqrt(4)	2.0
fabs()	求绝对值函数	>>>math.fabs(-1.23)	1.23

📍 项目练习

1) 阅读程序，写出运行结果并上机验证。

```
>>> int( )              _____
>>>int(3.6)             _____
>>>int('11',8)          _____
>>>int(' 0xb',16)       _____
>>>int(-5e2)            _____
```

2) 阅读程序，写出运行结果并上机验证。

```
>>>float('123' )        _____
>>> float(54.123)       _____
>>> float('-12.34')     _____
>>> float(-12.34)       _____
>>> float()             _____
```

3) 完善如下程序：从键盘输入3个数108、127、141，输出这3个数的平均值。

```
# 2-2-1.py

x= __❶__   (input('请输入 x='))
y= __❷__   (input('请输入 y='))
z= __❸__   (input('请输入 z='))
sum= _____❹_____
print('x+y+z=',sum)
```

输入108、127、141，输出结果是：_____

2.2.2 字符和数字的转换

我们已经学习了如何使用int()和float()函数将字符串转换成整数和浮点数。但有时候，我们需要将数字转换成字符串，于是str()函数就派上用场了。

◎项目4◎ **计算研学游费用** ::::::::::::::::::::::::::::::

又到了春暖花开的4月，方舟学校准备组织高一年级学生报名参加一年一度的研学游，报名"西安筑梦游"的有85人，报名"北京名校之门游"的有121人，报名"厦门最美大学游"的有187人。请设计程序，分别输入3个地点的人均费用，计算出此次研学游的总费用。

研学游

项目规划

1. 理解题意

根据题意，为了计算研学游的总费用，需要先输入3个地点的人均费用(每个研学游地点的人均费用都不一样，其中西安研学游人均2200元，北京研学游人均3000元，厦门研学游人均2700元)，求出每个研学游地点的总费用，然后进行累加，最后输出此次研学游的总费用。

2. 问题思考

01　输入的各地研学游人均费用是什么类型的数据？

02　如何将数字转换成字符串？

3. 知识准备

str()函数可以将数字转换成字符串类型，语法格式如下所示：

> str(i)　　　　　i为数字，将数字i转换成字符串
>
> 例如：str(666)　将数字666转换成字符串，结果为'666'

项目分析

1. 思路分析

输入3个研学游地点的人均费用，它们都是字符串，只有在转换成数字后，才能进行后面的计算。计算出的结果可以先转换成字符串，之后再进行输出。

2. 算法分析

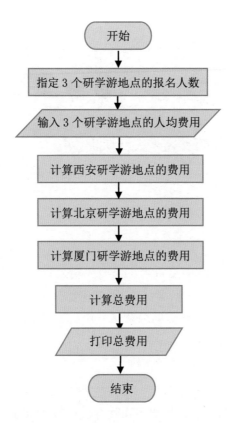

项目实施

1. 编写程序

项目4　计算研学游费用.py

```
 1  n1=85
 2  n2=121
 3  n3=187
 4  xian = input('请输入西安研学游费用: ')
 5  beijing = input('请输入北京研学游费用: ')
 6  xiamen = input('请输入厦门研学游费用: ')
 7  cost1=int(xian)*n1        # 将输入的费用字符串转换为整数
 8  cost2=int(beijing)*n2
 9  cost3=int(xiamen)*n3
10  total = cost1 + cost2+ cost3
11  print('三地的总费用为: ' + str(total)+'元')    # 利用字符串连接方式输出结果
```

2. 测试程序

运行程序，输入西安、北京、厦门的研学游人均费用2200、3000、2700元，便可得到如下运行结果。

```
请输入西安研学游费用：2200
请输入北京研学游费用：3000
请输入厦门研学游费用：2700
三地的总费用为：1054900元
>>>
```

3. 答疑解惑

在上述程序中，最后一行print('三地的总费用为：' + str(total)+'元')的作用如下：利用字符串连接符+将字符串"三地的总费用为："与计算出的总费用和字符"元"连接成一个字符串并输出，这条print语句也可以写成print('三地的总费用为：' ,str(total),'元')，含义是分别输出3个对象的值，这3个对象之间是使用逗号进行分隔的。这两种形式虽然写法上不一样，但最终的输出结果是一样的。

📍 项目支持

1. 字符串的连接

回顾一下，在Python中，字符串的连接方式有多种，除了使用+操作符这种方式以外，还可以使用*、逗号以及join方法来进行连接，如下表所示。

连接方式	说明	示例	运行结果
s1+s2	连接字符串s1和s2	>>>'python' + '3.8'	'python3.8'
s1*n	将字符串s1复制n次	>>> 'Ab'* 3	'Ab Ab Ab
print(s1, s2)	使用逗号连接字符串s1和s2	>>>print('a','b')	'ab'
str1.join(str)	连接输出	>>>'-'.join('hello')	'h-e-l-l-o'

2. 其他字符串转换函数

在Python中，数字类型与字符串类型的转换函数如下表所示。

函数	说明	示例	结果
chr(x)	将整数x转换为字符	>>>chr(67)	'C'
ord(x)	将字符x转换为对应的ASCII码值	>>>ord('C')	67
hex(x)	将整数转换成十六进制字符串	>>> hex(34)	'0x22'
oct(x)	将整数转换成八进制字符串	>>> oct(34)	'0o42'

项目练习

1) 阅读程序，写出运行结果并上机验证。

```
>>>str(12 )          _____
>>>str(-12.34)       _____
>>>str('abc')        _____
>>>int(1.2e2)        _____
```

2) 阅读程序，写出运行结果。

```
score1 = input('请输入语文成绩：')
score2 = input('请输入数学成绩：')
score3 = input('请输入英语成绩：')
total = float(score1) + float(score2) + float(score3)
print('三门课的总分为：' + str(total))
```

输入分数93、91、97，输出结果为：_____

3) 完善如下程序，首先输出张三和李四两个人的身高，然后输入王五的身高，最后计算出这3个人的平均身高。

```
# 2-2-2.py
name1 = '张三'
height1 = 1.73
name2 = '李四'
height2 = 1.79
s1 = name1 + '的身高是' + str(height1) + '米。'
s2 = name2 + '的身高是' + _____(height2) + '米。'
print(s1)
print(s2)
name3 = '王五'
height3 = input('请输入' + name3 + '的身高：')
average = (height1 + height2 + _____(height3)) / 3
print('他们的平均身高是%.2f米。' % average)
```

输入王五的身高1.73，输出结果为：_____

第 3 章

Python 程序控制

　　程序有三种基本结构，分别为顺序结构、分支结构、循环结构。生活中的很多问题都可以用这三种结构的程序来解决，比如我们在第2章中编写的研学游费用计算程序使用的就是顺序结构，顺序结构的程序在运行时，将按照自上而下的顺序依次执行程序中的语句；再比如，对于在周末根据天气情况安排室内活动还是室外活动，用程序来实现的话就是一种分支结构；而像十字路口的红绿灯，一直按照固定的顺序交替变换，用程序来实现的话就是一种循环结构。

　　本章重点介绍分支结构和循环结构的相关知识。

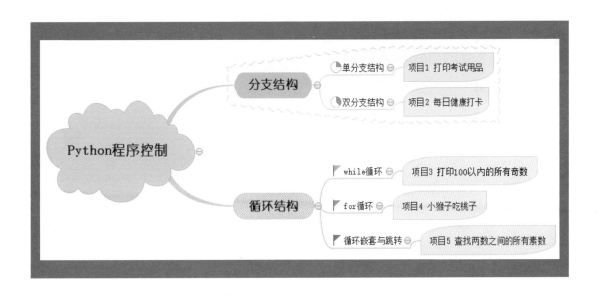

3.1 分支结构

分支结构也称为选择结构，这种结构在程序运行过程中需要根据一定的判断条件来选择执行的语句。通常按照分支的多少，分支结构可以分为单分支结构、双分支结构和多分支结构。

3.1.1 单分支结构

生活中有很多需要做出选择的情景。例如，如果今天下雨的话，出门就要带伞；考试分数如果大于90，就属于优秀；如果困了，就要睡觉；等等。这些都属于单分支结构，满足条件时，就执行一条或一组语句，不满足时就直接执行分支后面的语句。

◎项目1◎　打印考试用品清单

就要期末考试了，为了帮助明明整理好考试用品，妈妈在考试前帮他打印了一份考试用品清单。但是，不同的考试科目所需的学习用品可能不完全一样，比如数学考试还需要准备三角板和圆规。请你编写一个程序，帮明明的妈妈打印考试用品清单。

📍 项目规划

1. 理解题意

常规考试所需的学习用品有2B铅笔、橡皮、黑色中性笔、准考证等，如果是数学考试，那么还需要准备三角板和圆规。在编写程序的时候，需要首先输入考试科目，从而根据考试科目，选择打印相应的考试用品。

2. 问题思考

01 如何判断输入的考试科目是不是数学？

02 怎样根据判断结果，选择执行相应的语句？

3. 知识准备

Python使用if语句来实现单分支结构，语法格式如下：

```
if (条件表达式)
    语句1 (语句组1)
例如:  if(a>b)        #如果a>b
       print(a)        #则打印a
```

如右图所示，if语句在执行时，将首先判断条件表达式，当条件表达式为真时，执行语句1(语句组1)，否则跳过语句1(语句组1)，直接执行if语句后面的其他语句。

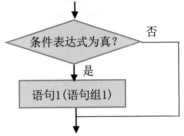

项目分析

1. 思路分析

首先输入考试科目，然后判断考试科目是不是数学。如果是，则打印三角板和圆规；如果不是，则继续打印其他共同的考试用品。如果你已经弄清楚这个项目的解决思路，就请将下面的内容填写完整。

如果输入的值等于 _____

则输出 _____

否则，输出 _____

2. 算法分析

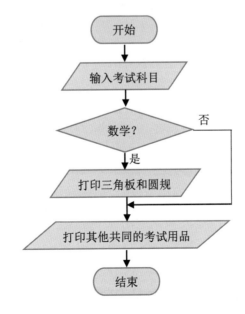

📍 项目实施

1. 编写程序

项目1 打印考试用品清单.py

```
1  test = input( '请输入考试科目: ' )
2  print( '你需要准备的考试用品有: ' )
3  if test == '数学':                    # 如果考试科目是数学
4      print( '三角板\n圆规' )            # 打印三角板和圆规
5  print( '2B铅笔\n橡皮\n黑色中性笔\n准考证' )    # \n 表示回车
```

2. 测试程序

第1次运行程序时，输入"数学"；第2次运行程序时，输入"语文"；查看并比较两次运行的结果。

请输入考试科目: **数学**
你需要准备的考试用品有:
三角板
圆规
2B铅笔
橡皮
黑色中性笔
准考证
> > >

请输入考试科目: **语文**
你需要准备的考试用品有:
2B铅笔
橡皮
黑色中性笔
准考证
> > >

3. 答疑解惑

当使用if语句时，要特别注意表达式后面的冒号不能省略，它表示当条件表达式为真时，即执行下面的一条或一组语句，但同时也要注意：即将执行的代码块一定要向后缩进。

📍 项目支持

1. if 语句

if语句的作用是：根据判断条件选择执行的语句。if语句包含如下几部分。

- ○ if关键字：if语句必须以if关键字开头。
- ○ 条件表达式：if关键字的后面紧跟着条件表达式，条件表达式可以是我们之前所学的各种运算符表达式的一种或几种组合，比如num>=90，条件表达式的值为真(True)或假(False)。
- ○ 冒号：条件表达式以冒号结尾。
- ○ 缩进：当条件表达式为真时，执行一条或一组语句，Python使用缩进方式来表示将要执行的代码。

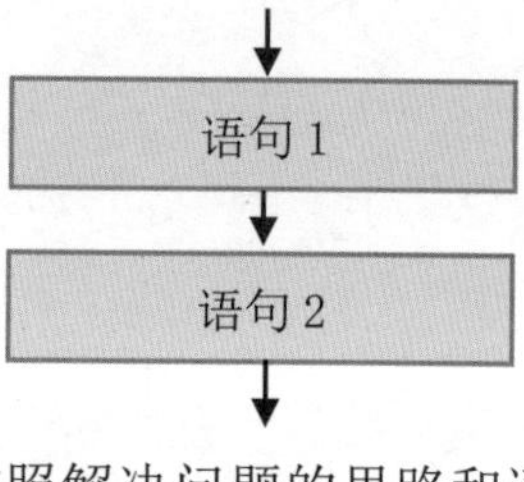

语句 1

语句 2

2. 顺序结构

顺序结构是最基本的一种程序结构，采用顺序结构的程序将按照解决问题的思路和语句的顺序，由上而下依次执行语句1、语句2、…，如右上图所示。

📍 **项目练习**

1) 阅读程序，写出运行结果。

```
# 3-1-1.py
a=int(input('请输入第一个数：'))
b=int(input('请输入第二个数：'))
if a>b:
        print('%d >%d'%(a,b))
```

输入第一个数8和第二个数3后，程序的运行结果为：_____。

2) 阅读并完善如下程序。

如下程序实现的功能是：输入三角形的三条边，判断是不是直角三角形，请将代码补充完整。

```
# 3-1-2.py
a = int(input("输入第一条边："))
b = int(input("输入第二条边："))
c = int(input("输入第三条边："))
if _____
        print("这是直角三角形。")
```

3) "六一"儿童节期间，某图书网站做活动，满61元可以领券优惠15元。请你编写程序，输入想要购买的图书的原价，然后输出最终优惠后的价格，将程序以文件名3-1-3.py保存。

3.1.2　双分支结构

在Python程序中，双分支结构和单分支结构不一样：条件满足时会执行一组语句，条件不满足时则会执行另一组语句。就像判断数字的奇偶性一样，如果能被2整除，就是偶数，否则就是奇数。

◎项目2◎　**每日健康打卡**　::

疫情期间，新冠肺炎病毒威胁着我们每一个人的安全。虽然现在情况有所好转，但我们仍然需要坚持每天测量体温，按时打卡，希望可以早日战胜这场疫情，迎接美好的生活。请试着编写一个程序，在输入体温后判断是否异常。

📍 项目规划

1. 理解题意

自复工以来，单位一直要求每人每天都要坚持打卡，输入个人姓名，上传测量的体温。如果体温低于37.3℃，就提示体温正常，否则提示体温异常，需要注意观察。

2. 问题思考

01 判断体温是否异常的条件是什么？

02 应使用什么语句实现双分支结构？

3. 知识准备

双分支结构可以使用if…else…语句来实现，具体的语法格式如下：

```
if(条件表达式):
        语句1 (语句组1)
else:
        语句2 (语句组2)
```

如下图所示，当条件成立(条件表达式为真)时，执行语句1(语句组1)，否则执行else后面的语句2(语句组2)。

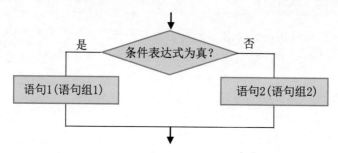

项目分析

1. 思路分析

首先输入姓名和当日体温，然后对体温进行判断，此时会有两种结果：体温等于或高于 37.3℃时，输出提示信息"您的体温异常，请注意观察！"，否则输出提示信息"您的体温正常，谢谢配合！"。这是非常典型的双分支结构。

2. 算法分析

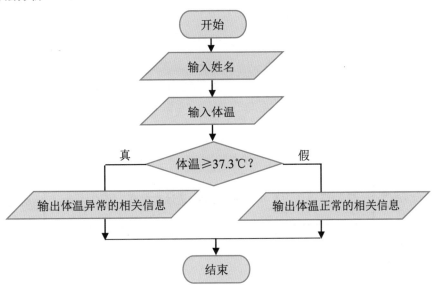

项目实施

1. 编写程序

项目2　每日健康打卡.py

```
1  name = input('请输入姓名：')
2  temp = float(input('请输入体温：'))
3  if temp >= 37.3:                                      # 如果体温≥37.3℃
4      print('%s，您的体温%.1f℃，体温异常，请注意观察！' % (name, temp))
5  else:                                                  # 打印体温异常的相关信息
6      print('%s，您的体温%.1f℃，体温正常。' % (name, temp))
                                                          # 否则打印体温正常的相关信息
```

2. 测试程序

第1次运行程序时，输入姓名"方方"、体温36.1℃；第2次运行程序时，输入姓名"方方"、体温37.5℃；查看两次运行的结果。

> 请输入姓名：**方方**
> 请输入体温：**36.1**
> 方方，您的体温36.1℃，体温正常，谢谢配合！
> >>>

> 请输入姓名：**方方**
> 请输入体温：**37.5**
> 方方，您的体温37.5℃，体温异常，请注意观察！
> >>>

3. 答疑解惑

通过之前的学习，我们已经了解了format()格式化输出方法。除了这种格式化输出方法之外，使用%占位符也可以实现格式化输出。例如，语句print('%s，您的体温%.1f℃，体温异常，请注意观察！' % (name, temp))使用了%s和%f两种占位符来预留想要输出的位置，字符s表示实际输出的是字符串，字符f表示实际输出的是浮点数。%.1f中的.1表示精度：输出时保留一位小数。

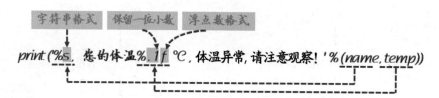

📍 项目支持

1. 保留指定位数的小数

使用Python语言编写程序时，如果想要输出浮点数，那么需要指定小数位数。假设a=1，b=3，求a/b，方法有以下三种。

1) 使用%f格式化方法。

在语句print('%.2f' %(a/b))中，f前面的.2表示保留两位小数，输出结果是0.33。

2) 使用format()格式化方法。

在语句print('{:.3f}' .format(float(a)/float(b)))中，{}占位符中的:.3f 表示后续即将填入占位符中的数字，这里保留3位小数，输出结果是0.333。

3) 使用round()函数。

在语句print(round(a/b,4))中，round()函数有两个参数，第1个参数是想要四舍五入的数字，第2个参数表示想要保留的小数位数，输出结果是0.3333。

2. 双分支结构的标准语法格式

在Python程序中，双分支结构将对条件进行判断。当条件表达式为真时，执行满足条件的语句或语句组；当条件表达式为假时，执行不满足条件的语句或语句组。使用if…else…语句书写双分支结构时，if和else的缩进位置必须相同，条件表达式和else的后面要有英文冒号。另外，分支中的语句或语句组也要同步缩进。

3. 多分支结构

实际上，if语句还可以用来对多种情况进行判断选择，这就是多分支结构。多分支结构可以使用if…elif…else…语句来实现，语法格式如下：

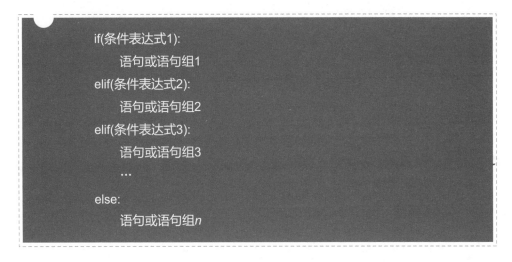

```
if(条件表达式1):
    语句或语句组1
elif(条件表达式2):
    语句或语句组2
elif(条件表达式3):
    语句或语句组3
    …
else:
    语句或语句组n
```

如下图所示，当条件1成立时，执行语句1(语句组1)，否则接着判断条件2。如果所有条件都不成立，就执行else后面的语句n(语句组n)。

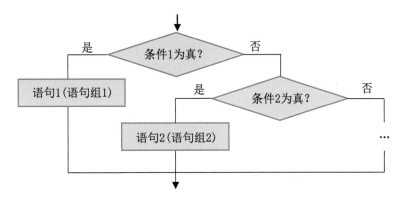

📍 **项目练习**

1) 阅读如下程序，当a=1.2345、b=6.789时，请写出运行结果并上机验证。

```
(1) >>> print('%.3f'%a)              _____

(2) >>> print('{:.2f}'.format(a))    _____

(3) >>> print(format(a, '.4f'))      _____

(4) >>> print(round(a,1))            _____

(5) >>>print(round(a+b,2))           _____
```

2) 阅读程序，写出运行结果并上机验证。

```
# 3-1-3.py
x = int(input('请输入本月的话费：'))
cost = 0
if(x <= 100):
     cost= 100
else:
     cost= 100+(x-100)*0.6
print(('本月实际缴费：%.1f 元' % cost))
```

当输入145时，输出结果为：_____

当输入100时，输出结果为：_____

当输入 21 时，输出结果为：_____

3) 完善如下程序：输入整数x，求x的绝对值。

```
# 3-1-4.py
x = int(input('请输入一个整数：'))
if x >= 0:
     _____❶_____
else
     _____❷_____
print('x 的绝对值是：',x)
```

3.2　循环结构

在Python程序中，除了顺序结构、分支结构之外，还有一种更复杂的程序结构——循环结构。顾名思义，使用循环结构可以重复执行相同的代码。循环结构通常包括for循环和while循环两种结构。

3.2.1　while循环

while循环比较简单：首先判断循环条件，如果条件成立，则执行循环体，然后再次判断循环条件是否成立，直到条件不成立时退出循环，执行循环后面的语句。

◎项目3◎　**打印100以内的所有奇数** :::

假设想打印100以内的所有奇数，你能编写一个程序，使用while循环来实现吗？

📍 **项目规划**

1. 理解题意

按照题目的要求，你需要打印100以内的所有奇数，100以内的奇数有50个，虽然使用之前所学的print语句也可以实现，但是需要编写50条输出语句，程序太长。我们可以转而使用循环语句，设定循环条件，反复执行那些需要重复执行的语句即可。

2. 问题思考

01 为了解决这个问题，需要重复执行哪些操作？

02 判断结束循环操作的条件是什么？

03 判断奇数的语句是什么，你能写出来吗？

3. 知识准备

while循环用于循环执行一段需要重复执行的代码，语法格式如下：

如下图所示，当条件表达式为真时，就重复执行循环体中的语句；当条件表达式为假时，则停止循环，继续执行循环后面的其他代码。

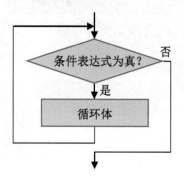

📍 项目分析

1. 思路分析

针对前面提出的3个问题，首先，需要循环执行的操作是，判断当前数i是不是奇数，如果是的话，就打印出来；其次，是否执行循环的判断条件是i必须在100以内，要求i≤100；最后，为了判断i是否为奇数，可以将i除以2，如果余数是1，就是奇数。

○ **填一填** 本项目采用循环语句来实现比较简便，如果使用while循环的话，请你试着写出while循环的判断条件。

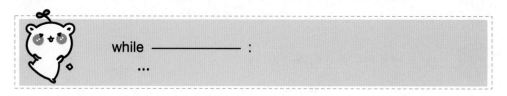

○ **试一试** 如何判断一个数是不是奇数呢？请你想一想，并将想到的判断方法写在下框中。

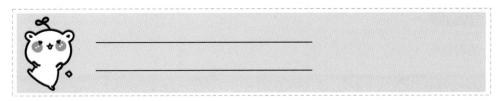

○ **想一想**　100以内的奇数有50个，下面的语句可以实现在一行中打印10个数字，从而使输出结果看起来整齐有序。请你想一想具体是如何实现的？

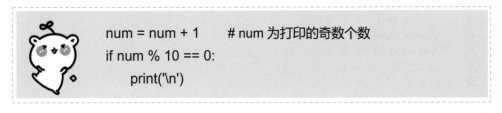

```
num = num + 1      # num 为打印的奇数个数
if num % 10 == 0:
    print('\n')
```

2. 算法分析

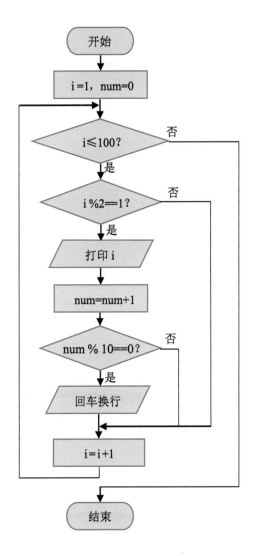

◉ 项目实施

1. 编写程序

项目3　打印100以内的所有奇数.py

```
1  i = 1
2  num = 0
3  while i <= 100:           # 当i≤100时
4      if i % 2 == 1:        # 如果将i除以2的余数为1，那么i为奇数
5          print(i, end=' ')  # 打印i，两个奇数之间以空格作为分隔符
6          num = num + 1      # num用来记录打印的奇数个数
7          if num % 10 == 0:  # 在一行中打印10个奇数
8              print('\n')    # 回车换行
9      i = i + 1
```

2. 测试程序

```
1 3 5 7 9 11 13 15 17 19
21 23 25 27 29 31 33 35 37 39
41 43 45 47 49 51 53 55 57 59
61 63 65 67 69 71 73 75 77 79
81 83 85 87 89 91 93 95 97 99
>>>
```

3. 答疑解惑

上述程序使用num变量来专门记录打印了多少个奇数。每当在一行中打印了10个奇数时，就进行换行，print('\n')语句中的\n表示换行。

◉ 项目练习

1) 阅读程序，写出运行结果并上机验证。

```
# 3-2-1.py
i = 0
sum = 0
while i <= 100:
    sum += i
    i += 2
print(sum)
```

输出结果为：_____

2) 完善如下程序：输入一个整数，判断这个整数是不是素数。请你将横线上缺少的部

分补充完整，并写出当输入43时程序的运行结果。

```
# 3-2-2.py
a = int(input("请输入一个整数："))
i = 2
while ____❶____ :
    if ____❷____ :
        break
    i += 1
else:
    print('素数')
```

输入43，输出结果为：_____

3) 编写程序。某银行最新推出的理财产品的年收益率是6.3%。如果投入20万元，并且每年的收益也继续投入该理财产品，那么多少年后本钱会翻倍？请你使用while循环编写程序，求出结果，并将程序保存为3-2-3.py文件。

3.2.2　for循环

除了while循环，另一种更常用的循环结构是for循环。Python中的for循环将通过逐一遍历序列中的所有对象来控制循环的执行。

◎项目4◎　小猴子吃桃子

小猴子很爱吃桃子，有一天，小猴子到桃园摘了很多桃子，回家后立即吃了一半，可又觉得不过瘾，就又多吃了一个。第二天，小猴子吃了剩下的一半桃子后，又多吃一个。到了第5天，就只剩1个桃子了。请你编写程序，帮小猴子算一算：(1)小猴子每天吃了多少个桃子？(2)小猴子第一天摘了多少个桃子？

◉ 项目规划

1. 理解题意

按照题意，小猴子每天吃的桃子数都是前一天剩下的一半又多一个，第5天只剩下1个桃子。如下图所示，我们需要求出小猴子每天吃了多少个桃子，另外还要求出小猴子第一天摘了多少个桃子。

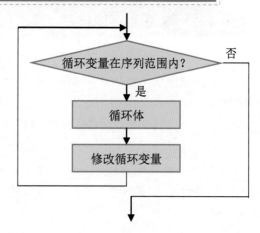

第几天	第1天	第2天	第3天	第4天
每天吃掉的桃子数	？	？	？	？

2. 问题思考

01 第4天剩几个桃子？你能列出算式吗？

02 你能将每天剩的桃子数改写成Python表达式吗？

03 每天剩的桃子数如何存储和打印？

3. 知识准备

for循环的语法形式如下：

> for 循环变量 in 序列：
>   循环体

for循环中的序列多指字符串、列表、元组、字典等，在执行for循环时，系统首先遍历序列中的每个元素，并将遍历时获取的元素赋值给循环变量，然后执行循环体中的代码段。

循环变量在序列范围内？ —否→

是↓

循环体

修改循环变量

📍 项目分析

1. 思路分析

○ **想一想** 可采用倒推的方式，从最后一天算起，由后向前推算出每一天的桃子数，每一天的桃子数和下一日的桃子数之间有什么关系？

○ **填一填** 由题目可知，小猴子每天吃的桃子数都是前一天剩下的一半又多一个，因此当第5天只剩下1个桃子时，第4天的桃子数就是第5天的桃子数加1后乘以2，也就是(1+1)×2，以此类推。假设第i天的桃子数用day[i]表示，第i+1天的桃子数用day[i+1]表示，于是得到第i天的桃子数的表达式为：_____。

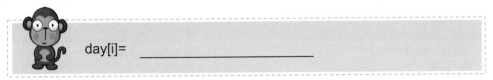

day[i]= _____

计算出每一天的桃子数后，小猴子每天吃掉的桃子数peach就是当天的桃子数减去下一日的桃子数。

peach= _____

2. 算法分析

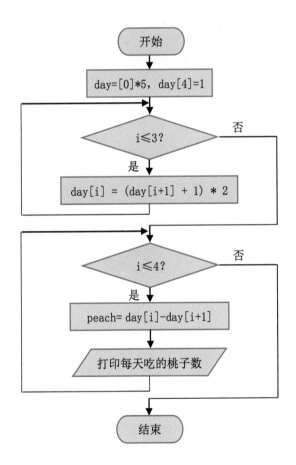

📍 项目实施

1. 编写程序

项目4　小猴子吃桃子.py

```
1  day = [0] * 5                          # 定义并初始化列表对象day
2  day[4] = 1                             # 第5天的桃子数为1
3  for i in range(3, -1, -1):             # i的取值为从3到0，每循环一次，就将i递减1
4      day[i] = (day[i+1] + 1) * 2        # 通过循环求出每天的桃子数
5  for i in range(4):
6      peach=day[i]-day[i+1]                  # 每天吃掉的桃子数
7      print('第%d天吃了%d个桃子。' % (i+1，peach)) # 打印每天吃掉的桃子数
8  print('小猴子第一天摘了%d个桃子。' % day[0])   # 打印第一天摘的桃子数
```

2. 测试程序

```
第1天吃了24个桃子。
第2天吃了12个桃子。
第3天吃了6个桃子。
第4天吃了3个桃子。
小猴子第一天摘了46个桃子。
>>>
```

3. 答疑解惑

在本项目中，为了打印每天吃掉的桃子数，需要记录每天还剩的桃子数，因此程序一开始就通过语句day = [0] * 5定义了列表对象day，其中包含5个元素，并且每个元素的初始值为0。列表对象day中的5个元素分别用来存放5天的桃子数，但是元素的位置索引是从0开始的，因此每个元素的位置和天数的对应关系如右图所示。

📍 项目支持

1. 使用 for 循环遍历列表

for循环通过逐一遍历列表中的每一个元素来控制循环，当所有元素都遍历完之后，循环也就结束了。

如下图所示，for循环将依次遍历列表['a', 'b', 'c']中的每一个元素。执行第1次循环时，首先访问的是列表中的'a'，并将'a'赋值给循环变量i，然后执行循环体中的语句，打印i；执行第2次循环时，访问的是列表中的'b'，并将'b'赋值给循环变量i，然后打印i；执行第3次循环时，访问的是列表中的'c'，并将'c'赋值给循环变量i，然后打印i。列表全部访问完毕后，循环结束，得到如下图所示的运行结果。

```
for i in ['a','b','c']:   → 定义列表
    print(i)   → 循环体
```

运行结果
```
a
b
c
>>>
```

2. 使用 range() 函数实现 for 循环

在Python中，可以使用range()函数来实现for循环，语法格式如下：

for 循环变量 in range([start,]end[,step])
　　循环体

range()函数会返回一个整数序列，该函数有3个参数：start是可选参数，表示整数序列的初值，默认为0；end表示整数序列的终值，注意生成的整数序列为start~end-1，不包括end；step也是可选参数，表示整数序列的递增步长，默认为1。如下程序的功能是输出2和9之间的偶数(包括2)。

```
for i in range(2,10,2):
    print(i)
```
生成2~9的整数序列，步长为2

运行结果
```
2
4
6
8
>>>
```

📍 项目练习

1) 小明编写了一个程序，功能是求1到n之间所有奇数的和，但这个程序在运行时出现了错误，请你指出以下代码中标出的三处错误，并把修改后的语句写在后面的横线上。

```
# 3-2-4.py
n = input('请输入一个整数：')  ————— ❶
sum = 0
for i in (1,n+1,2):  ————— ❷
    sum=sum+1  ————— ❸
print(sum)
```

2) 阅读程序，写出运行结果。

```
# 3-2-5.py
stu=['李龙月','史可妍','徐牧晨','高嘉阳']
for i in stu:
    print(i,end=' ')
```

输出结果为：_____

3) 完善如下程序：求自然数n的阶乘，请将横线上缺少的代码部分补充完整。

```
# 3-2-6.py
n = int(input("请输入一个自然数："))
fact=1
for i in range(1,n+1):
    _____❶_____
print( '%d  的阶乘是：%d' %(_____❷_____ ))
```

输入6，运行结果为：_____

4. 已知4月1日是星期一，请使用for循环编写程序，打印整个4月份的日历，并将程序保存为3-2-7.py文件。

3.2.3 循环嵌套与跳转

Python程序中的循环语句是可以嵌套的，从而让你能够解决一些更复杂的问题。另外，你还可以使用循环控制语句(也称为跳转语句)来改变循环语句的执行顺序，比如使用break语句退出循环。

◎项目5◎ 查找两数之间的所有素数 ::

输入两个整数，打印这两个整数之间的所有素数。请你试着使用循环嵌套的方法编写程序，并将找到的所有素数打印出来。

♀ 项目规划

1. **理解题意**

对于大于1的正整数，当不能被1及其本身以外的其他正整数整除时，就是素数。现在按照题意，输入两个正整数，以确定整数范围的上界和下界，然后逐一判断指定范围内的每一个数是不是素数，如果是就打印，否则继续判断下一个数。

2. **问题思考**

01 为了逐一判断每个数是不是素数，你会使用什么循环语句？

02 如何判断一个数是不是素数？

03　在已经判断出这个数是素数的情况下，如何退出当前循环？

3. 知识准备

1) for循环的嵌套。

在Python语言中，for循环是可以嵌套另一个for循环的，语法格式如下：

```
for 循环变量 in 序列 1:
    for 循环变量 in 序列 2:
        循环体
    循环体
```

对于嵌套的for循环来说，内层循环和外层循环通常有两种情况：一种是内层循环与外层循环相互独立，另一种是内层循环的循环变量依赖于外层循环。

2) while循环的嵌套。

while循环与for循环一样，也是可以嵌套的，语法格式如下：

```
while (条件表达式 1):
    while (条件表达式 2):
        循环体
    循环体
```

在对循环进行嵌套时，还可以在循环体内嵌套其他类型的循环，比如在while循环中嵌套for循环，以及在for循环中嵌套while循环。

◉ 项目分析

1. 思路分析

○ **想一想**　输入两个正整数a和b，作为将要判断的整数范围的下界和上界。对于下界a的取值，有没有什么要求呢？

○ **填一填**　外层循环生成素数的序列。现在已经知道了将要判断的整数范围是[a,b]，如果使用for循环逐一遍历从a到b的每一个数，那么请将for循环中的range()函数填写完整。

```
for n in range(_____):
```

○ **说一说** 嵌套的内层循环用来判断一个数是不是素数。请你说说判断素数的方法都有哪些。

2. 算法分析

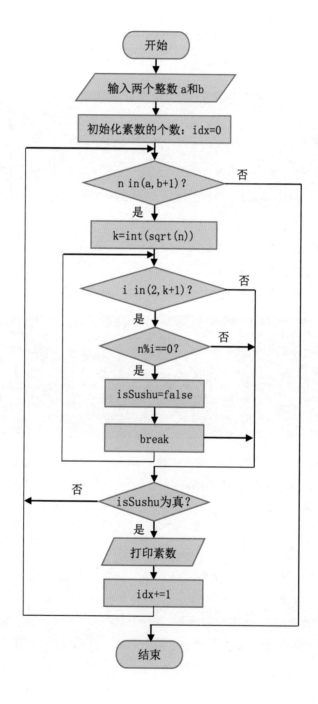

项目实施

1. 编写程序

```
项目5　查找两数之间的所有素数.py
```

```
 1  from math import sqrt                              # 导入 math 模块
 2
 3  a = int(input('请输入整数范围的下界(>=2)：'))
 4  b = int(input('请输入整数范围的上界：'))
 5  idx = 0                                            # idx 表示统计的素数个数
 6  for n in range(a, b + 1):
 7      isSushu = True
 8      k = int(sqrt(n))                               # 返回数字的平方根
 9      for i in range(2, k + 1):                      # k+1表示从2循环到k(包含k)
10          if n % i == 0:
11              isSushu = False                        # n如果能被 i 整除，就不是素数
12              break                                  # 跳出循环
13      if isSushu:
14          print('%4d' % n,end='')                    # 如果是素数，就打印
15          idx += 1
16          if idx % 10 == 0:                          # 每打印 10 个素数就换行
17              print('\n')
18  print('\n%d到%d之间共有素数%d个' % (a, b, idx))
```

2. 测试程序

运行程序，输入整数 2 和100，查看程序的运行结果。

```
请输入整数范围的下界(>=2)：2
请输入整数范围的上界：100
  2  3  5  7 11 13 17 19 23 29

 31 37 41 43 47 53 59 61 67 71

 73 79 83 89 97
2到100之间共有素数25个
>>>
```

3. 答疑解惑

首先，整数范围的下界a必须大于或等于2，因为1不是素数，最小的素数是2。其次，判断素数时使用的方法是：只要判断出从2到n的平方根之间的所有数都不能被它整除，就说明它是素数。

上述程序中的内层循环用来判断整数是否为素数，当不是素数时，isSushu = False，此时执行break跳转语句，从而跳出内层循环，执行后面的用于判断是否进行打印的语句。

📍 项目支持

1. 内层循环与外层循环的关系

回顾一下，在嵌套的for循环中，内层循环与外层循环的关系通常有两种：一种是内层循环与外层循环相互独立，另一种是内层循环的循环变量依赖于外层循环。

○　内层循环与外层循环相互独立。

```
for i in range(0,5):      外层循环执行5次，打印5行
    for j in range(0,8):      内层循环执行8次
        print('*',end='')      打印8个星号
    print(' ')
```

○　内层循环的循环变量依赖于外层循环。

```
for i in range(0,8,2):      外层循环执行4次，打印4行
    for j in range(i+1):      内层循环执行i+1次
        print('*',end='')
    print(' ')
```

2. break 跳转语句

break跳转语句的作用是立即退出循环，并执行循环体后面的其他语句。

```
sum=0
for i in range(101):
    sum=sum+i
    if i==50:
        print('当前数是 50，求和结束！')
        break      跳出循环
print(sum)
```

📍 项目练习

1) 阅读程序，写出运行结果。

```
for char in 'Python':
    if char == 'o':
        break
print(char)
```

```
for char in 'Python':
    if char == 'o':
        break
    print(char)
```

输出：＿＿＿＿＿＿＿＿＿

输出：＿＿＿＿＿＿＿＿＿

2) 分析运行结果，完善如下程序。

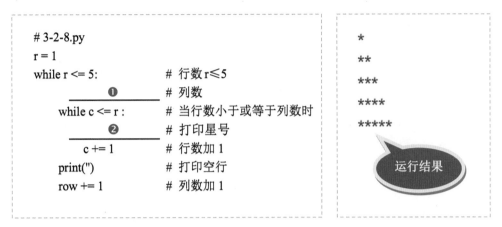

```
# 3-2-8.py
r = 1
while r <= 5:              # 行数 r≤5
         ❶                # 列数
    while c <= r :         # 当行数小于或等于列数时
         ❷                # 打印星号
         c += 1            # 行数加 1
    print(")              # 打印空行
    row += 1              # 列数加 1
```

```
*
**
***
****
*****
```

运行结果

3) 每个人都有自己的幸运数字，你的幸运数字是多少呢？当我们玩扔骰子游戏时，总希望能扔到自己的幸运数字。请你试着编写一个程序，模拟扔骰子游戏，看看需要几次才能扔到自己的幸运数字。

第4章

Python 数据结构

　　除了第2章介绍的数字和字符串这两种简单数据类型之外，Python还支持列表、元组、集合、字典等相对复杂的数据类型，它们可以用来解决一些比较复杂的问题。比如所购买商品的型号、颜色、价格等属性，还有学校里学生的语文、数学、英语等学科成绩，像这样的数据需要以序列的方式集中存储在一起，并且针对不同情况采取不同的操作进行数据处理，从而解决实际问题。

　　本章将重点介绍列表、元组、集合、字典的创建方法及相关操作，以实现数据的高效处理。

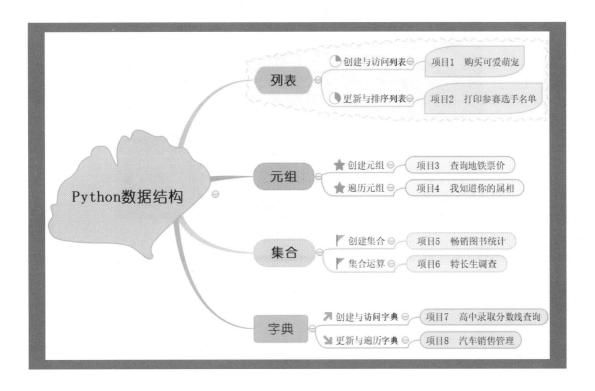

4.1 列　表

列表是Python中十分常用的数据类型之一，和字符串一样，列表也是一种序列，用来存放任意类型的元素，如整数、浮点数、字符串等。诸如图书的目录、学生花名册、QQ音乐中的歌单等，都可以看作列表。常见的列表操作有新建、访问、更新和排序列表等。

4.1.1　创建与访问列表

列表的创建很简单，可以直接将列表赋值给变量。列表中的所有元素位于一对方括号中，并且每个元素之间使用逗号进行分隔。列表中的每个元素都有自己唯一的编号，通常称为索引，通过索引可以很方便地查找或访问列表元素的值。

◎项目1◎　购买可爱萌宠

母亲节到了，晓虎和晓波兄弟俩想买一只宠物狗送给母亲。他们来到萌宠之家，询问了所有宠物狗的价格，但是他们觉得这样很不方便。正在学习编程的兄弟俩帮店家编写了一个宠物信息查询系统，里面记录了所有宠物狗的信息，可以方便客户快速查询所有宠物狗的价格。你知道他们的程序是如何编写的吗？

♥ 项目规划

1. 理解题意

根据题意，要编写的宠物信息查询系统中应该包括编号以及宠物狗的品种和价格等信息。该系统应首先展示宠物狗的编号和品种，当客户根据需要输入编号后，即可查询到对应的宠物狗的价格。

0	泰迪	800
1	德国牧羊犬	2000
2	秋田犬	1000
3	蝴蝶犬	1200
4	博美犬	1500
5	吉娃娃	500
6	哈士奇	2200
7	沙皮狗	900

2. 问题思考

01　如何存储宠物狗的品种和价格？

02　怎样根据宠物狗的品种查找对应的价格？

3. 知识准备

列表可以存储多个元素，元素类型不受限制，可以是数字、字符串等。列表中的每个元素都会被分配一个唯一的编号作为索引，用来表示这个元素自身在列表中的位置，第1个元素的索引是0，第2个是1，以此类推。定义列表的语法格式如下。

```
List=[ 元素1, 元素2, 元素3, … ]
例如: color=[white,black,red,green,blue,yellow]
List1=[ ]              # 定义了一个空的列表
```

📍 项目分析

1. 思路分析

○　**试一试**　首先考虑宠物狗的信息，不管是宠物的品种还是价格，都可以看作序列，因此可以使用列表这种数据类型来存储。我们需要定义两个列表——pets和price，分别用来存储宠物狗的品种和价格。你能写出这两个列表的创建语句吗？

pets= _____

price= _____

○ **想一想**　在列表pets中，每一种宠物狗都有唯一的索引，请你想一想，把对应的索引填写在下表中。

pets	泰迪	德国牧羊犬	秋田犬	蝴蝶犬	博美犬	吉娃娃	哈士奇	沙皮狗
索引								

2. 算法分析

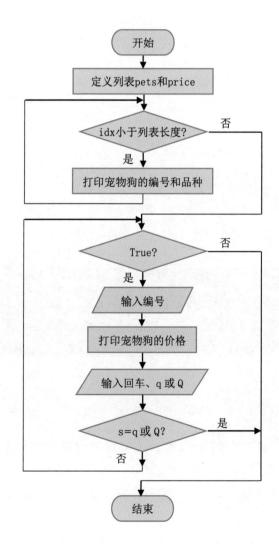

项目实施

1. 编写程序

项目1　购买可爱萌宠.py

```
1  pets = ['泰迪', '德国牧羊犬', '秋田犬', '蝴蝶犬', '博美犬',        # 宠物狗的品种列表
2      '吉娃娃', '哈士奇', '沙皮狗']
3  price = [800, 2000, 1000, 1200, 1500, 500, 2200, 900]        # 宠物狗的价格列表
4  print('编号    品种')                                          # \n 表示回车
5  print('-------------------')
6  for idx in range(len(pets)):
7      print('{}    {}'.format(idx, pets[idx]))                  # 打印宠物狗的编号和品种
8  while True:
9      idx = int(input('请输入想要购买的宠物的编号：'))
10     print('{}    {}    {}元'.format(idx, pets[idx], price[idx]))  # 打印对应的价格
11     s=input('按回车键继续查询，退出请按q或Q')
12     if (s=='q') or (s=='Q'):                                   # 如果输入的是 q 或 Q
13         break                                                  # 就退出
```

2. 测试程序

运行程序，输入编号3和5，查看运行结果。

```
编号    品种
-------------------
0    泰迪
1    德国牧羊犬
2    秋田犬
3    蝴蝶犬
4    博美犬
5    吉娃娃
6    哈士奇
7    沙皮狗
请输入想要购买的宠物的编号：3
3    蝴蝶犬    1200元
按回车键继续查询，退出请按q或Q
请输入想要购买的宠物的编号：5
5    吉娃娃    500元
按回车键继续查询，退出请按q或QQ
>>>
```

3. 答疑解惑

在pets和price列表中，每个元素都有自己的索引，因此在编写程序时，可以使用索引来表示宠物狗的编号，但要求编号从0开始。需要注意的是，pets列表中的宠物和price列表中的价格一定要对应，不能有偏差，因为价格也是根据索引来查找的。

pets	泰迪	德国牧羊犬	秋田犬	蝴蝶犬	博美犬	吉娃娃	哈士奇	沙皮狗
索引	0	1	2	3	4	5	6	7
price	800	2000	1000	1200	1500	500	2200	900

📍 项目支持

1. 列表的索引方式

列表的索引方式和字符串一样：用i表示索引编号，用"列表名[i]"表示访问列表中的第i+1个元素。列表的索引也分正向和反向两种方式，正向索引使用0～n-1表示，反向索引使用-1～-n表示。假设列表lst=['a', 'b', 'c', 'd', 'e', 'f']，其索引方式如下图所示。

正向索引	0	1	2	3	4	5
lst	a	b	c	d	e	f
反向索引	-6	-5	-4	-3	-2	-1

2. 列表的切片

就像面包切片一样，列表的切片也是把整个列表切开，从而访问或处理列表中的一部分元素。例如，列表lst=['a', 'b', 'c', 'd', 'e', 'f']的切片访问形式如下表所示。

切片访问形式	说明	示例
lst[m]	提取索引编号为m的元素	lst[1] = 'b'；lst[-1] = 'f'
lst[m:n]	提取索引编号从m到n-1的元素	lst[2:5] = lst[-4:-1] = ['c', 'd', 'e']
lst[m:]	提取索引编号从m到列表末尾的所有元素	lst[4:] = ['e', 'f']
lst[:n]	提取从开头到索引编号为n-1的元素	lst[:4] = ['a', 'b', 'c', 'd']
lst[:]	提取列表lst中的所有元素	lst[:] = ['a', 'b', 'c', 'd', 'e', 'f']
lst[::-1]	通过设置步长为-1，将列表lst反转	lst[::-1] = ['f', 'e', 'd', 'c', 'b', 'a']

3. 列表函数

列表对象支持一些十分常用的函数，对列表lst=['a', 'b', 'c', 'd', 'e', 'f']应用这些函数，结果如下表所示。

列表函数	说明	示例
len(lst)	返回列表lst的长度	len(lst) = 6
max(lst)	返回列表lst中所有元素的最大值	max(lst) = 'f'
min(lst)	返回列表lst中所有元素的最小值	min(lst) = 'a'

📍 **项目练习**

1) 阅读如下程序。假设列表list1=['安徽','江苏','浙江','广西','山东','山西','湖南','湖北']，写出程序的运行结果。

(1) >>>list1[3:5]　　————————

(2) >>>list1[-3:-2]　————————

(3) >>>list1[:3]　　————————

(4) >>>list1[-3:]　　————————

(5) >>>list1[::-2]　　————————

2) 阅读并完善如下程序。李兰编写了一个用于随机点名的程序，请将代码补充完整。

```
# 4-1-1.py
import random
list1=['张学博','王祥','李浩','孙文','徐梦杰','余悦']
idx=random.randint(0,6)
print(_____ )
```

3) 科技创新特长生测试活动开始了，赵老师的班级有5名同学参加了此次特长生测试。请你编写一个程序，分别输入这5名学生的姓名，在科技创新特长生名单里查找是否通过测试，并打印结果。

4.1.2　更新与排序列表

在Python语言中，对于创建好的列表，我们经常需要执行添加、删除、修改元素等操作。另外，我们还可以根据程序的需要，对列表中的元素进行排序。

◎**项目2**◎　**打印参赛选手名单**

"追光少年，未来可期"，2021大型选秀比赛报名开始了，此次报名分为网络平台推选和现场报名两种方式。网络平台推选了7位参赛选手，现场也有7名选手报名。李华现在要统计并打印所有参赛选手的名单，但是他刚刚得知，网络平台又推选了一位选手Anne参加比赛，而且网络平台推选的选手名单和现场报名的选手名单有重复。你能编写一个程序，帮助李华按照要求，删除重复的名单，并按照首字母的顺序对名单进行排序，然后打印最终参赛选手的名单吗？

网络平台名单: Melissa, Ellen, essica, Paul, Beck, Davis, Nelson
网络平台新增1人: Anne

现场报名名单: Taylor, Jessica, Florence, Maggie, Willie, Nelson, Penny

📍 项目规划

1. 理解题意

已知有两份参赛选手名单，它们分别是由网络平台推选的和现场报名的。根据题目要求，网络平台推选的选手名单中需要增加一位选手Anne，然后将两份名单合二为一，删除重复的报名选手后，按照字母顺序打印最终参加比赛的选手名单。

2. 问题思考

01 如果使用列表来存储名单的话，如何在列表中新增元素？

02 两份名单如何合并？如何删除列表中重复的报名选手？

03 如何对列表中的元素进行排序？

1) append()方法。

对于列表，可以使用append()方法来添加新的元素，具体的语法格式如下：

```
list.append(元素)
例如: >>>fruits=['apple','melons','banana','apricot']
      >>>fruits.append('pear')
      >>>print(fruits)
运行结果: ['apple', 'melons', 'banana', 'apricot', 'pear']
```

使用append()方法可以将元素添加到列表的末尾，append()方法虽然没有任何返回值，但却能够修改列表中原有元素的值。

2) sorted()函数。

sorted()函数是Python内置函数，可以使用sorted()函数对列表中的元素进行排序，具体的语法格式如下：

```
sorted(列表，reverse=False)
例如：>>>scores=[89,78,95,98,81]
        >>> print(sorted(scores))
运行结果：[78, 81, 89, 95, 98]
```

在sorted()函数中，圆括号里的第1个参数是想要进行排序的列表。第2个参数reverse是可选参数，默认为False，表示按照升序进行排列；当reverse为True时，表示按照降序进行排列。

3) set()函数。

set()函数也是Python内置函数，用于创建无序的不包含重复元素的集合。在本例中，set()函数可以用来删除列表中的重复元素，具体的语法格式如下：

```
set(列表)
例如：>>>x=set('information')
        >>>print(x)
运行结果：{'m', 'n', 'i', 't', 'a', 'r', 'o', 'f'}
```

📍 项目分析

1. 思路分析

○　**填一填**　首先输入新增选手的姓名，并且判断这名选手是否在原来的网络平台名单online中，如果不在，就添加到网络平台名单online中。

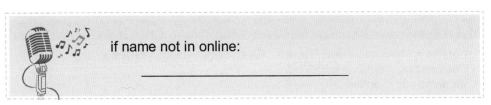

if name not in online:

_____

○　**查一查**　删除重复的报名选手后，我们需要对列表按字母顺序进行排序，这项任务可以通过sort()方法或sorted()函数来完成。请你查一查，它们之间有什么联系与区别？

sort( )：_____

sorted( )：_____

2. 算法分析

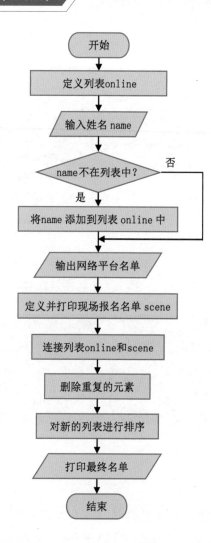

♀ 项目实施

1. 编写程序

项目2　打印参赛选手名单.py

```
1  online = ['Melissa', 'Ellen', 'Jessica', 'Paul', 'Beck', 'Davis', 'Nelson']
2  name=input('请输入新增加的选手：')
3  if name not in online:
4      online.append(name)                         # 在列表的最后添加元素name
5  print('网络平台报名:', online)
6  scene= ['Taylor', 'Jessica', 'Florence', 'Maggie', 'Willie', 'Nelson', 'Penny']
7  print('现场报名:', scene)
8  list1= online + scene                           # 连接列表online和scene
9  list2 = set(list1)                              # 重置列表list1，删除重复的元素
10 list3 = sorted(list2)                           # 对列表list2进行排序
11 print()
12 print('-----------------------------------------------------------------')
13 print('参赛选手名单（按字母顺序）:')
14 for i in list3:
15     print(i,end=' ')                            # 打印列表list3中的每一个元素
```

2. 测试程序

运行程序，输入姓名Anne，查看程序的运行结果。

```
请输入新增加的选手：Anne
网络平台报名: ['Melissa', 'Ellen', 'Jessica', 'Paul', 'Beck', 'Davis', 'Nelson', 'Anne']
现场报名: ['Taylor', 'Jessica', 'Florence', 'Maggie', 'Willie', 'Nelson', 'Penny']

-----------------------------------------------------------------------
参赛选手名单（按字母顺序）：
Anne Beck Davis Ellen Florence Jessica Maggie Melissa Nelson Paul Penny
Taylor Willie
```

3. 答疑解惑

通过观察程序的运行结果可以发现，输出的网络平台名单和最终打印的参赛选手名单的格式不一样，这是因为前面直接使用print('网络平台报名:', online)语句来打印列表，因而输出的是用中括号括起来的一组数据；后来在打印最终的参赛选手名单时，没有使用中括号和单引号，而是使用for循环遍历整个列表，逐一打印列表中的每个元素。我们在编写程序时，应根据需要选择合适的打印格式。

📍 项目支持

1. 列表的运算

列表的运算和字符串类似，可使用+运算符连接两个列表，还可使用not in运算符判断列表中是否包含某个元素。假设list1=[1,2,3,4,5]、list2=[4,5,6,7]，常见的列表运算如下表所示。

列表运算	运算结果	说明
3 in list1	True	判断元素3是否在列表list1中
3 not in list1	False	判断元素3是否不在列表list1中
list1+list2	[1, 2, 3, 4, 5, 4, 5, 6, 7]	组合列表list1和list2
list2*2	[4, 5, 6, 7, 4, 5, 6, 7]	重复列表list2两次

2. 列表的更新

列表的更新主要是指对列表执行增加、删除和修改操作，常见用法如下表所示(这里假设list1=[1,2,3,4,5]、list2=[6,7])。

示例	列表list1中的内容	说明
list1.append(list2)	[1, 2, 3, 4, 5, [6, 7]]	将列表list2作为元素添加到列表list1的末尾
list1.extend(list2)	[1, 2, 3, 4, 5, 6, 7]	将列表list2中的每一个元素合并到列表list1的末尾

（续表）

示例	列表list1中的内容	说明
list1.insert(2,8)	[1, 2, 8, 3, 4, 5]	将元素8插入列表list1中索引为2的位置
list1 [0]=9	[9, 2, 3, 4, 5]	更新列表list1中索引为0的列表元素的值为9
list1.remove(3)	[1, 2, 4, 5]	删除列表list1中的元素3
list1.pop(1)	[1, 3, 4, 5]	删除列表list1中索引为1的列表元素

3. 使用 sort()方法对列表进行排序

sort()方法用于对列表中的元素进行永久性排序，具体的语法格式如下：

```
list.sort(reverse=False)
例如： >>>letters=['m','e','q','c','o','x']
        >>>  letters.sort()
        >>> print(letters)
运行结果: ['c', 'e', 'm', 'o', 'q', 'x']
```

sort()方法在执行时虽然没有返回值，但却会改变列表中原有元素的排列位置：与sorted()函数一样，如果reverse参数为False，那么按照升序排列列表；如果reverse参数为True，那么按照降序排列列表。

4. sort()方法和 sorted()函数的区别

sort()方法和sorted()函数虽然名称看起来相似，但它们在使用时区别还是很大的。sort()方法是对列表本身进行排序，而sorted()函数在对列表进行排序时会保留原来的列表顺序，同时产生另一个新的排序后的列表，这两个列表都可以通过reverse参数来指定按照升序还是降序进行排列。

♀ 项目练习

1) 阅读如下程序，假设list1=[5,2,3,1]、list2= ['a','b','c','d']，请写出运行结果并上机验证。

```
(1) >>> 4 in list1          _____

(2) >>> list1+list2         _____

(3) >>> list1*2             _____

(4) >>> print( sorted(list1))  _____
```

2) 阅读程序，写出运行结果并上机验证。

```
# 4-1-3.py
month = int(input('请输入想要查询的月份(1-12)：'))
solarmonth = [1,3,5,7,8,10,12]
lunarmonth = [4,6,9,11]
February = [2]
if month in solarmonth:
    print('%s 月是大月' %(month))
elif month in lunarmonth:
    print('%s 月是小月' %(month))
elif month in February:
    print('%s 月是平月' %(month))
else:
    print('请输入正确的月份')
```

当输入2时，输出结果为：＿＿＿＿＿＿＿＿＿

当输入4时，输出结果为：＿＿＿＿＿＿＿＿＿

当输入 8 时，输出结果为：＿＿＿＿＿＿＿＿＿

3) 某班50名学生正在军训，教官让所有学生列队报数，从1开始，报到3的倍数时出列。请你编写程序，模拟报数的过程，并打印所有剩下的序号。

4.2　元　　组

元组是一种与列表十分类似的数据结构。元组与列表最大的不同之处是：定义好的元组中的元素值不能发生改变，也就是说，不能对元组执行添加、删除和修改操作。

4.2.1　创建元组

元组一旦创建就不能再更改了，这种不可变性可以提高程序的运行效率。生活中的很多不可变数据，比如学校田径运动会的纪录、十二星座、化学元素等都可以通过元组来存储。

◎项目3◎　查询地铁票价

国庆期间，某市新开通了地铁3号线，贾晓波查了一下路线，他家正好在文澜苑站，学校在大学城站，他现在可以坐地铁去上学了。请你编写一个程序，帮他查一下从家到大学城要经过几站，票价又是多少。

📍 项目规划

1. 理解题意

首先，你需要了解地铁3号线都有哪些站点：相城路站、职教城站、幼儿师范站、文浍苑站、勤劳村站、新海大道站、竹丝滩站、火车站、鸭林冲站、一里井站、海棠站、郑河站、四泉桥站、杏花村站、南新庄站、西七里塘站、洪岗站、市政务中心站、图书馆站、繁华大道站、大学城站、幸福坝站。

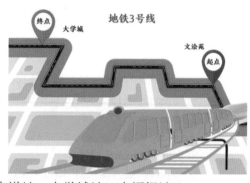

其次，你需要了解地铁的收费标准是6站以内(包括6站)票价2元，6~15站(含15站)票价5元，15站以上票价7元。按照题目的要求，你需要计算出从"文浍苑站"到"大学城站"一共有多少站，并算好相应的票价。

01 地铁站名适合使用什么数据结构来存储？

02 如何计算从起始站到终点站一共有多少站？

03 地铁票价的计算分三种情况，应使用什么语句来实现？

2. 知识准备

元组和列表类似，但元组在定义时，不是使用中括号，而是使用圆括号将各个元素括起来，元素之间使用逗号进行分隔，语法格式如下。其中，空的元组用()表示，只包含一个元素的元组用(x,)表示。

```
tuple=( 元素1，元素2，元素3，… )
例如： season=(spring, summer, autumn, winter)    # 定义了season元组
       tup1=()                                    # 定义了一个空的元组
```

📍 项目分析

1. 思路分析

○ **想一想** 这里使用元组来存储地铁站名，请你思考一下，为什么选用这种数据结构？

○ **查一查** 为了计算地铁票价，你需要知道从家到学校有几站。列表中的每个元素都有固定的索引，元组中的元素是不是也一样？请你查一查，有什么方法可以返

回列表中元素的索引值？

○ **填一填**　乘坐地铁时，票价分三种情况，如下图所示，这是一种多分支结构，可使用第3章介绍的if…elif…else语句来实现，请回忆所学内容，完善以下程序。

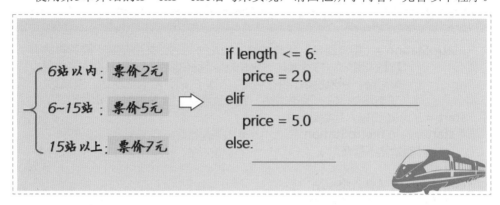

2. 算法分析

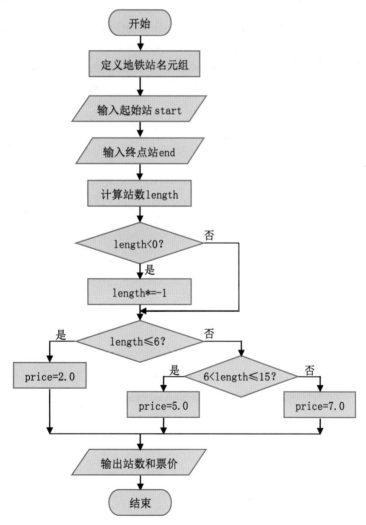

项目实施

1. 编写程序

项目3　查询地铁票价.py

```
 1  metroStation = ('相城路站', '职教城站', '幼儿师范站', '文泾苑站', '勤劳村站',
 2                  '新海大道站', '竹丝滩站', '火车站', '鸭林冲站', '一里井站', '海棠站',
 3                  '郑河站', '四泉桥站', '杏花村站', '南新庄站', '西七里塘站', '洪岗站',
 4                  '市政务中心站', '图书馆站', '繁华大道站', '大学城站', '幸福坝站')
 5  start = input('请输入起始站：')
 6  if start not in metroStation:       # 判断起始站在不在地铁站名元组中
 7      print('起始站不存在！')          # 如果不在，就输出提示信息并退出程序
 8      exit()
 9  end = input('请输入终点站：')
10  if end not in metroStation:         # 判断终点站在不在地铁站名元组中
11      print('终点站不存在！')          # 如果不在，就输出提示信息并退出程序
12      exit()
13  length = metroStation.index(end) - metroStation.index(start)   # 计算站数
14  if length < 0:                      # 如果站数小于0，说明是反方向乘车
15      length *= -1
16  if length <= 6:
17      price = 2.0
18  elif length > 6 and length <= 15:           # 根据站数，计算票价
19      price = 5.0
20  else:
21      price = 7.0
22  print('{}到{}，总共{}站，票价{}元。'.format(start, end, length, price))
```

2. 测试程序

```
请输入起始站：文泾苑站
请输入终点站：大学城站
文泾苑站到大学城站，总共17站，票价7.0元。
>>>
```

3. 答疑解惑

上述程序不仅可以计算贾晓波从家到学校经过的地铁站数和票价，而且可以计算地铁3号线上任意两站之间的站数和票价，只需要输入起始站和终点站即可。从家到学校经过的地铁站数可通过语句length = metroStation.index(end) - metroStation.index(start)来计算，其中metroStation.index(end)返回终点站的索引、metroStation.index(start)返回起始站的索引，两者相减便是要求的地铁站数。

📍 **项目支持**

1. 元组的索引

如下图所示，Python中的元组与列表一样，既可以使用索引访问其中的某个元素，也可以使用切片访问其中的部分元素。

2. 元组函数

元组对象也支持一些十分常用的函数，对元组tup=(88,96,78,90,83)和列表lst=['李红','纪平','王丽','赵希','何刚']应用这些函数，结果如下表所示。

元组函数	说明	示例
len(tup)	返回元组的长度	len(tup) = 5
max(tup)	返回元组中最大元素的值	max(tup) =96
min(tup)	返回元组中最小元素的值	min(tup) = 78
tuple(lst)	将列表转换为元组	tuple(lst)=('李红','纪平','王丽','赵希','何刚')

3. index()方法

index()方法用于检测元组中是否包含指定的元素。如果包含的话，就返回找到的与之匹配的第一个元素的索引值，具体语法格式如下：

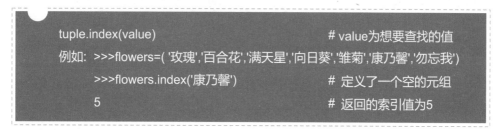

4. 元组末尾的逗号

对于包含多个元素的元组来说，末尾可以加逗号，也可以不加。例如，('a', 'b', 'c')和('a', 'b', 'c',)是一样的。但对于仅包含单个元素的元组来说，末尾的逗号不能省略。如果省略的话，就不是元组了，而是使用圆括号括起来的表达式。

项目练习

1) 阅读如下程序，写出运行结果并上机验证。这里假设tup1=(60,70,80,90)且tup2=('四级', '三级', '二级', '一级')。

(1) 70 in tup1　　_____

(2) tup1*2　　_____

(3) tup1+ tup2　　_____

(4) tup2[-1:]　　_____

(5) tup1[0:3]　　_____

2) 完善如下程序：输入学生的姓名，查询其钢琴十级考试是否通过，并将结果打印出来，请将代码补充完整。

```
# 4-2-1.py
pianolist = ('王明', '李想', '丁一', '赵思文', '刘琳', '胡旭',
             '周梅', '林洪')
name= input('请输入想要查询的学生的姓名：')
if _____
    print('恭喜, 钢琴十级通过了！ ')
else:
    print('此次考级没有通过，请继续努力！ ')
```

3) 编写程序，使用元组将26个字母和10个数字存储起来，随机生成一个包含数字和字母的8位密码并打印出来。

4.2.2　遍历元组

遍历元组就是从头至尾依次获取元组中的每个元素。一般情况下，可以使用for循环来实现元组的遍历，从而解决实际生活中的一些复杂问题。

◎项目4◎　我知道你的属相

方方同学最近看了一场魔术，魔术师出示1张写有属相的卡片，并请一名观众说自己的属相在不在卡片上，在的话回答"是"，不在的话回答"否"。在如此出示了4张卡片后，魔术师准确说出了这名观众的属相。方方觉得很神奇，在经过仔细研究后，他想编写一个猜属相的程序，你能帮帮他吗？

项目规划

1. 理解题意

方方同学经过研究，明白了猜属相魔术的原理其实就是在二进制数与十进制数之间进行转换。如果属相在第1张卡片上，记为1，不在则记为0；再看第2张卡片，同样，如果属相在卡片上，就接着再记下1，否则记为0，第3张卡片也是如此。等到第4张卡片看完后，便会得到一个4位的二进制数，转换成十进制数后，即可得到一个1~12的数，1~12对应着12生肖，因此可以轻松地说出观众的属相。

属相	十进制	二进制	属相	十进制	二进制
鼠	1	0001	马	7	0111
牛	2	0010	羊	8	1000
虎	3	0011	猴	9	1001
兔	4	0100	鸡	10	1010
龙	5	0101	狗	11	1011
蛇	6	0110	猪	12	1100

2. 问题思考

01 十二生肖适合使用什么数据结构来存储？

02 如何记录每次看完卡片后的结果？

03 二进制数如何转换成十进制数？

3. 知识准备

使用for循环就可以遍历元组中的所有元素，语法格式如下：

```
for item in tuple:          # 使用for…in语句遍历元组中的所有元素
    print (item)            # 打印遍历的每一个元素
例如：zodiac = ('鼠', '牛', '虎', '兔', '龙', '蛇','马', '羊', '猴', '鸡','狗','猪')
    for c in zodiac:
        print(c,end=' ')
程序运行结果：鼠 牛 虎 兔 龙 蛇 马 羊 猴 鸡 狗 猪
```

○ 项目分析

1. 思路分析

- **填一填**　此处用到的卡片以及十二生肖都是固定不变的，因此使用元组来存储它们比较合适。可以将十二生肖存储为如下元组：zodiac = ('鼠', '牛', '虎', '兔', '龙', '蛇', '马', '羊','猴', '鸡','狗', '猪')。请对应填写其中每一个元素的索引值。

zodiac	鼠	牛	虎	兔	龙	蛇	马	羊	猴	鸡	狗	猪
索引值												

- **查一查**　为了将二进制数转换成十进制数，可以使用如下语句，其中的index变量用于存放转换后的十进制数。请你查一查int()函数中的每个参数的含义。

index = int(key, 2)

- **想一想**　进行完进制转换后，我们得到一个1~12的数(包含1和12)，打印属相的语句如下，请你根据前面的分析，想一想为什么索引值是index-1。

print('你的属相是', zodiac[index - 1])

2. 算法分析

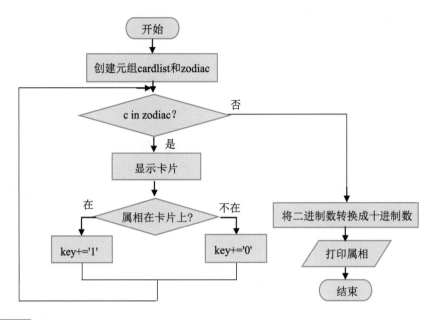

项目实施

1. 编写程序

项目4　我知道你的属相.py

```
1  card1 = ('羊', '猴', '鸡', '狗', '猪')
2  card2 = ('兔', '龙', '蛇', '马', '猪')
3  card3 = ('牛', '蛇', '鸡', '狗', '虎', '马')
4  card4 = ('鼠', '龙', '猴', '虎', '狗', '马')
5  cardlist = (card1, card2, card3, card4)
6  zodiac = ('鼠', '牛', '虎', '兔', '龙', '蛇',      # 定义元组zodiac
7            '马', '羊', '猴', '鸡', '狗', '猪')
8
9  def showcard(card):                          # 定义一个函数，用于展示卡片上的属相
10     for c in card:                           # 使用for循环打印当前卡片上的所有属相
11         print(c,end=' ')
12     print()
13
14 key = ''
15 for c in cardlist:                           # 使用for循环依次打印4张卡片上的属相
16     showcard(c)
17     print('你的属相在这里吗? (y/n)')          # 如果属相在当前卡片上，就输入y或Y
18     flag = input()
19     if flag == 'y' or flag == 'Y':           # 如果输入y，就在key字符串的末尾添加1
20         key += '1'
21     else:
22         key += '0'                           # 否则在key字符串的末尾添加0
23 index = int(key, 2)                          # 将二进制字符串转换为十进制数
24 print('你的属相是', zodiac[index - 1])        # 打印元组zodiac中与十进制数对应的属相
```

2. 测试程序

```
羊 猴 鸡 狗 猪
你的属相在这里吗? (y/n)
y
兔 龙 蛇 马 猪
你的属相在这里吗? (y/n)
n
牛 蛇 鸡 狗 虎 马
你的属相在这里吗? (y/n)
n
鼠 龙 猴 虎 狗 马
你的属相在这里吗? (y/n)
n
你的属相是 羊
>>>
```

3. 答疑解惑

由题目可知，魔术师依次出示4张卡片，如果用程序来实现的话，就相当于定义4个卡片元组，每次出牌就相当于打印每个卡片元组中的所有元素，如此重复4次这样的操作。上述程序定义了函数showcard来实现这样的功能，我们可以通过函数名直接调用这段代码。

```
          函数名    要打印的卡片元组
def showcard(card):
    for c in card:          打印卡片元组中的所有元素
        print(c,end=' ')
    print()
```

项目支持

1. 合并与重复元组

可以使用+和*运算符对元组进行合并与重复，运算后会生成一个新的元组。

```
t1=(1,2,3,4)
t2=(5,6,7)
t3=t1+t2
t4=t2*2
print(t3)
print(t4)
```

运行结果
```
(1, 2, 3, 4, 5, 6, 7)
(5, 6, 7, 5, 6, 7)
```

2. 删除元组

在Python中，使用del命令可以删除整个元组，语法格式如下：

```
del 元组名
例如： deltup1      # 删除元组 tup1
```

📍 **项目练习**

1) 阅读如下程序，写出运行结果并上机验证。

```
# 4-2-3.py
firsthalf=[' Jan.',' Feb.',' Mar.',' Apr.',' May.',' June.']
print(len(firsthalf))
print(firsthalf[2:4])
for i in firsthalf:
    print(i,end=' ')
```

输出：＿＿＿＿＿＿＿＿＿

　　　＿＿＿＿＿＿＿＿＿

　　　＿＿＿＿＿＿＿＿＿

2) 完善如下程序：打印ASCII码值。请根据运行结果，将代码补充完整。

```
# 4-2-4.py
t1 = (('A',45),( 'B',46),( 'C',47),( 'D',48),( 'E',49),( 'F',50))
print('--------ASCII码值--------')
for index,i in enumerate(    ❶       ):
    print('%s    %s      %s'%(     ❷          ))
```

```
-------- ASCII码值 -------
0  A    45
1  B    46
2  C    47
3  D    48
4  E    49
5  F    50
>>>
```
运行结果

4.3　集　　合

在Python中，集合(set)与列表和元组不同，集合是一种不包含重复元素的无序序列。与数学中的集合一样，Python中的集合也可以执行并、交、差等集合运算。

4.3.1　创建集合

集合可以直接使用花括号{}或set()函数来创建。创建后的集合中的所有元素都将位于花括号{}中，元素之间以逗号分隔。需要注意的是，空的集合只能使用set()函数来创建，使用{}创建的则是空的字典。

◎项目5◎ 畅销图书统计

新华书店每个月都会统计当月的畅销图书，现在需要统计今年一季度的畅销图书。请编写一个程序，统计今年一季度有多少本畅销图书，并将所有畅销图书打印出来。

📍 项目规划

1. 理解题意

我们已经知道一月份、二月份、三月份的畅销图书，现在要统计今年一季度有多少本畅销图书。为此，可以首先将前三个月的畅销图书合并在一起，然后删除其中重复的图书，最后统计出畅销图书的数量并打印所有畅销图书。

2. 问题思考

01 每个月的畅销图书适合使用什么数据结构来存储？

02 如何创建畅销图书的集合？

03 如何删除重复的图书？

3. 知识准备

1) 使用花括号{}创建集合。

在Python语言中，可以直接使用花括号{}创建集合，创建语法如下：

> 集合名 = { 元素1，元素2，元素3，… }
>
> 例如：set1={ 'P','Y','T','H','O','N'}

2) 使用set()函数创建集合。

使用set()函数可以将列表、元组、字符串等可迭代对象转换成集合，语法格式如下：

> set(value)　　　　# value可以是列表、元组或字符串等可迭代对象
>
> 例如：>>>set(['语文','数学','英语','物理','化学'])
>
> {'英语', '数学', '语文', '物理', '化学'}　　　# 运行结果
>
> >>> set('continue')
>
> {'n', 'i', 'c', 't', 'u', 'o', 'e'}　　　# 运行结果

在使用set()函数创建集合时，如果存在重复的元素，那么只会保留其中之一，同时删除其他重复的元素。

项目分析

1. 思路分析

一月份、二月份、三月份各有6本畅销图书。可首先创建3个集合来存放3个月份的畅销图书，然后利用集合的不重复性删除其中重复的图书。

2. 算法分析

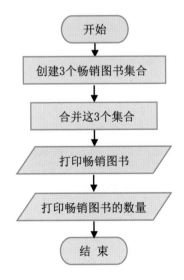

📍 项目实施

1. 编写程序

```
项目5    畅销图书统计.py

1  Jan = {'幼儿十万个为什么', '动物百科', '你当像鸟飞往你的山',      # 直接创建畅销图书集合
2      '恐龙百科', '安徒生童话', '法布尔昆虫记' }
3  Feb = set(('53天天练', '你当像鸟飞往你的山', '企鹅萌萌',        # 将元组转换成集合
4      '华夏万卷硬笔书法', '人生海海', '没头脑和不高兴' ))
5  Mar = set(['你当像鸟飞往你的山', '人生海海', '没头脑和不高兴',   # 将列表转换成集合
6      '细菌世界历险记', '华夏万卷硬笔书法', '当动物有钱了'])
7
8  all = Jan.union(Feb, Mar)                                     # 将创建的3个集合合并
9  print(all)                                                   # 打印畅销图书
10 print(len(all))                                              # 打印畅销图书的数量
```

2. 测试程序

```
{'细菌世界历险记', '人生海海', '华夏万卷硬笔书法', '当动物有钱了', '
企鹅萌萌', '恐龙百科', '没头脑和不高兴', '53天天练', '法布尔昆虫记',
'动物百科', '幼儿十万个为什么', '安徒生童话', '你当像鸟飞往你的山'}
13
>>>
```

3. 答疑解惑

这里之所以选用集合来存储畅销图书，就是为了利用集合的不可重复性。上述程序使用all = Jan.union(Feb, Mar)语句将集合Jan、Feb和Mar合并成了一个新的集合并赋值给all变量，在形成这个新集合的同时，还将删除重复的图书，因此最后统计出今年一季度有13本畅销图书。

📍 项目支持

1. 集合的内置方法

集合的一些常用的内置方法如下表所示。

方法	说明
set1.add(x)	将元素x添加到集合set1中
set1.clear()	清除集合set1中的所有元素
set1.union(set2)	将集合set1和set2合并成一个新的集合
set1.remove(x)	将元素x从集合set1中移除，如果元素x不存在，则会发生错误
set1.difference(set2)	返回一个新的集合，其中的元素也是set1中的元素，但不是set2中的元素

2. 集合函数

对于集合，Python还提供了一些函数用于声明集合或返回集合中元素的个数，常用的集合函数如下表所示。

集合函数	说明
set()	创建一个可变集合
frozenset()	创建一个不可变集合
len()	返回集合中元素的个数

3. 判断元素是否存在

与列表和元组不同，集合不支持通过索引来访问其中的元素，而只能通过成员运算符 in 来判断某个元素是否在集合中，在的话返回True，否则返回False，语法格式如下：

```
x in s    #   x为元素，s为集合
例如: >>> set1={1,2,3,4,5}
       >>> 2 in set1
       True
       >>> 7 in set1
       False
```

⚲ 项目练习

1) 阅读如下程序，写出运行结果。

```
things = {'pen', 'pencil', 'ruler', 'pen','eraser', 'ruler'}
print(things)
s=input('请输入想要查询的学习用品')
if s in things:
    print('家里有',s)
else:
    print('家里没有%s 了，需要购买'%s)
```

运行程序，输入pen，输出结果为：_____

_____

2) 已知某高校大学一年级下学期的课程表，请你利用本节所学的集合知识编写一个程序，统计这所高校大学一年级下学期共开设了多少门课，并将开设的所有课程打印出来。

	周一	周二	周三	周四	周五	周六	周日
1	中医学概论	高等数学基础	计算机基础	中医学概论	大学体育		
2							
3			人体解剖	大学英语	物理学基础		
4							
5	人体解剖	大学英语	物理学基础	中国近代史			
6							
7							

4.3.2 集合运算

Python中的集合既可以添加或删除元素，也可以像数学中的集合那样，进行并、交、差等集合运算。

◎项目6◎ 特长生调查

方舟中学的八年级1班计划于暑期选拔一些特长生组成学生代表团，到日本参加教育文化交流活动。为此，班主任对班级学生的特长进行了调查，其中擅长乒乓球的学生有4名，擅长书法的学生有5名，擅长舞蹈的学生有3名。请你统计一下，既会打乒乓球又会舞蹈的学生有哪些，会书法但不会舞蹈的学生有哪些，会书法或者会打乒乓球的学生又有哪些。

♀ 项目规划

1. 理解题意

根据班主任前期所做的调查，已知乒乓球特长生有王丽、许梦涵、胡耀龙、郑星灿，书法特长生有张强、李越、许梦涵、夏宇、史政宇，舞蹈特长生有刘云、王丽、史政宇。按照题目的要求，需要统计出既会打乒乓球又会舞蹈的学生，会书法但不会舞蹈的学生，以及会书法或者会打乒乓球的学生。

2. 问题思考

01 如何创建特长生集合？

如何统计拥有不同特长的特长生？

3. 知识准备

Python中的集合支持进行交、并、差等集合运算，语法格式如下表所示，这里假设集合$a=\{1,2,3,4\}$且$b=\{3,4,5,6\}$

集合运算符	示意图	说明	示例
交运算：&		将两个集合中相同的元素提取出来	>>>a&b {3, 4}
并运算：|		将两个集合合并成一个集合	>>>a|b {1, 2, 3, 4, 5, 6}
差运算：−		从第一个集合中删除与第二个集合发生重复的那些元素	>>>a−b {1, 2}

项目分析

1. 思路分析

根据题意，先创建3个特长生集合，再通过集合的交、差、并运算统计各类特长生。求既会打乒乓球又会舞蹈的特长生需要用到集合的交运算；求会书法但不会舞蹈的特长生需要到集合的差运算；求会书法或者会打乒乓球的特长生需要到集合的并运算。

2. 算法分析

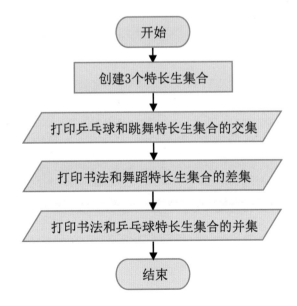

📍 **项目实施**

1. 编写程序

项目 6　特长生调查.py

```
1  pingpang = {'王丽', '许梦涵', '胡耀龙','郑星灿'}
2  shufa = {'张强', '李越', '许梦涵','夏宇','史政宇'}
3  wudao = {'刘云','王丽', '史政宇', }
4
5  set1 = pingpang & wudao
6  print('既会打乒乓球又会跳舞的: ', set1)        # 集合的交运算
7  set2 = shufa - wudao
8  print('会书法但不会跳舞的: ', set2)            # 集合的差运算
9  set3 = shufa | pingpang
10 print('会书法或者会打乒乓球的: ', set3)        # 集合的并运算
```

2. 测试程序

```
既会打乒乓球又会跳舞的: {'王丽'}
会书法但不会跳舞的: {'张强', '许梦涵', '李越', '夏宇'}
会书法或者会打乒乓球的: {'史政宇', '夏宇', '许梦涵', '郑星灿',
'张强', '王丽', '李越', '胡耀龙'}
>>>
```

📍 **项目支持**

1. 添加元素

在集合中添加元素时，可以使用以下两种方法。

○ 使用add()方法：在将元素添加到集合中时，如果元素已经存在，则不进行任何操作。语法格式如下：

```
s.add(x)
例如:    >>>s={1,2,3,4}
        >>>s.add(5)       # 添加元素5
        >>>print(s)
        {1, 2, 3, 4, 5}    # 程序运行结果
```

○ 使用update()方法：想要添加的元素可以是列表、元组或字典等。语法格式如下：

```
        s.update(x)
例如：   >>>s={'a','b','c'}
        >>>s.update([1,2,3])      # 添加列表[1,2,3]到集合s中
        >>>print(s)
        {1, 2, 'a', 3, 'b', 'c'}      # 程序运行结果
```

2. 删除元素

在Python中，有多种方法可以用来删除集合中的元素，常用的有以下两种。

○　使用remove()方法，语法格式如下：

```
        s.remove(x)
例如：   >>>s={1,2,3,4}
        >>>s.remove(2)       # 删除元素2
        >>>print(s)
        {1,3, 4,}            # 程序运行结果
```

○　使用discard()方法。当使用remove()方法删除元素时，如果想要删除的元素不存在，则会发生错误；而当使用discard()方法时，即便想要删除的元素不存在，也不会发生错误。语法格式如下：

```
        s.discard(x)
例如：   >>>s={1,2,3,4}
        >>>s.discard(1)      # 删除元素1
        >>>print(s)
        {2, 3,4}             # 程序运行结果
```

⚲ 项目练习

1) 阅读如下程序，写出运行结果并上机验证。

```
# 4-3-2.py
a = {'apple','cherry','grape','haw','lemon','mango'}
b = {'orange','waxberry','pear','cherry','plum ','lemon'}
print('grape' in a)
print(a-b)
print(a|b)
print(a&b)
```

程序运行结果为：_____

_____

_____

_____

2) 完善如下程序。如下程序的功能是求出3个集合中满足下列条件的数：(1)既能被3整除也能被5整除的数；(2)能被3整除的所有奇数。请将代码补充完整并写出程序运行结果。

```
# 4-3-3.py
s1 = (2,4,6,8,10,12,14,16,18,20,22,24,26,28,30)
s2 = (3,6,9,12,15,18,21,24,27,30)
s3 = (5,10,15,20,25,30)
print('既能被 3 整除也能被 5 整除的数：',_____❶_____ )
print('能被 3 整除的奇数有：',_____❷_____ )
```

程序运行结果为：_____

_____

4.4　字　　典

字典也是一种无序的可变序列，可用来存储任意类型的数据。字典中的每个元素都由一对键和值组成，就如同新华字典一样，元素可以通过键快速查找对应的值。生活中的很多数据都可以使用字典来存储，比如学生的各科成绩，姓名是键，成绩是值，通过姓名就可以直接查询成绩。

4.4.1　创建与访问字典

创建字典时，可使用一对花括号{}将一组元素括起来，其中的每个元素都是一个键值对，键与值之间用冒号分隔，键值对之间用逗号分隔。字典中的键是唯一且不可变的，与键对应的值则是可变的。

◎ 项目7 ◎ 高中录取分数线查询

每年的六、七月份是学生最为紧张的时候，尤其是对于刚刚结束中考的考生来说，能不能考上一所好的高中，是他们最为关心的事。他们需要查询各所高中去年的录取分数，作为填写志愿的参考依据。你能帮他们编写一个程序，只要输入想要查询的高中，就给出去年的录取分数吗？

普通高中招生录取分数线

高中名称	录取分数	高中名称	录取分数
一中	757	五中	705
二中	705	六中	757
三中	687	七中	729
四中	727	八中	757

📍 项目规划

1. 理解题意

各所高中去年的招生录取分数线是已知的。现在要求编写程序，将学校名称和录取分数对应起来，以便学生输入学校名称后，能够查询出对应的录取分数并显示出来。

01   学校名称和录取分数适合使用什么数据结构来存储？

02   如何访问学校名称，以便查询对应的录取分数？

3. 知识准备

字典中的元素都是一些键值对，格式如下：

```
字典名={键1:值1, 键2:值2, 键3:值3,…}
例如：dict1 = {'a':97, 'b':98, 'c':99, 'd':100 }   # 定义了一个用于查询ASCII码值的字典
     dict2 = { }                                # 定义了一个空的字典
```

项目分析

1. 思路分析

○ **写一写** 请你根据所学的字典知识，编写语句以创建存储高中录取分数线的字典，假设lines为字典名。

lines = _____

○ **填一填** 在字典中，可通过键来访问值，键和值之间都是一一对应的映射关系。请你填空完成如下表格。

键（key）	值（value）	键（key）	值（value）
一中 →	757	五中 →	705
二中 →	712	六中 →	757
三中 →		→	729
四中 →		→	757

2. 算法分析

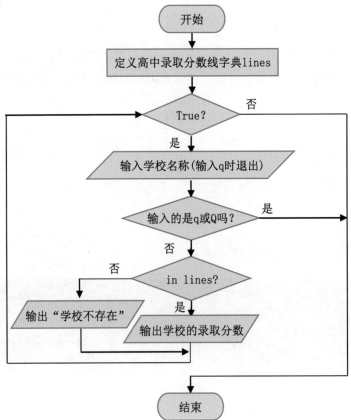

项目实施

1. 编写程序

项目7　高中录取分数线查询.py

```
1  import sys                                      # 导入 sys 模块
2  lines = {'一中': 757, '二中': 712, '三中': 687, '四中': 727, '五中': 705, '六中': 757,
3          '七中': 729, '八中': 757, '九中': 717, '十中': 719, '十一中': 684}
4                                                  # 创建高中录取分数线字典 lines
5  while True:
6      school = input('请输入学校名(q退出)：')       # 输入想要查询的学校
7      if school=='q' or school=='Q':              # 如果输入的是 q 或 Q，那么退出程序
8          sys.exit()
9      if school in lines.keys():                  # 如果想要查询的学校在字典中
10         print(lines[school])                    # 那么输出对应的录取分数
11     else:
12         print('学校不存在')                       # 否则输出 "学校不存在"
```

2. 测试程序

```
请输入学校名(q退出)：一中
757
请输入学校名(q退出)：七中
729
请输入学校名(q退出)：五中
705
请输入学校名(q退出)：q
>>>
```

3. 答疑解惑

上述程序一开始就导入了sys模块。sys模块提供了一系列有关Python运行环境的函数。比如这里用到的sys.exit()函数，作用是中途退出程序。

项目支持

1. 创建字典

除了直接使用花括号{}定义字典之外，Python还支持使用dict()函数创建一个空的字典，之后再使用zip()函数将两个列表对应转换成字典中的元素，具体使用方法如下。

```
例如：
english = ('we','like','program')
chinese = ('我们','喜欢','编程')
word = dict(zip(english,chinese))
print(word)
```

```
{'we': '我们', 'like': '喜欢', 'program': '编程'}
>>>
```

运行结果

2. 列表、元组、集合与字典之间的区别

列表、元组、集合与字典之间的区别如下表所示。

数据结构	是否可变	是否重复	是否有序
列表(list)	可变	可重复	有序
元组(tuple)	不可变	可重复	有序
集合(set)	可变	不可重复	无序
字典(dict)	值可变 键不可变	值可重复 键不可重复	无序

♀ 项目练习

1) 阅读如下程序，写出运行结果并上机验证，这里假设dict1={'姓名': '王祥', '班级': '七(1)班'}，dict2={'语文': 88, '数学': 99, '英语': 100}。

```
(1) len(dict1)          _____

(2) "李明" in dict1      _____

(3) dict2.values()      _____

(4) dict1["班级"]        _____

(5) dict2.get("英语")    _____
```

2) 完善如下程序。如下程序实现的功能是计算4个分店的当月销售总额，请将代码补充完整。

```
# 4-4-1.py
sale={'一店':12,'二店':20,'三店':13,'四店':26,}
sum=0
for i in _____❶_____ :
        _____❷_____
print('本月 4 个分店的销售总额为：%d 万元' _____❸_____ )
```

4.4.2 更新与遍历字典

与列表类似，字典中的元素也可以添加、删除或修改。但需要注意的是：键在字典中是唯一的，不能重复，也不能直接修改。

◎项目8◎　**汽车销售管理**

某汽车4S店需要对当月汽车销售情况进行统计，以便调整销售策略，同时更新当月库存，并对下月销售情况进行预估，提醒管理人员补充库存。你能编写一个程序，实现该汽车4S店的汽车销售管理吗？

📍 **项目规划**

1. 理解题意

已知该汽车4S店月初的汽车库存以及当月的汽车销售情况。现在需要按照当月不同车型的销量进行排序，从而了解

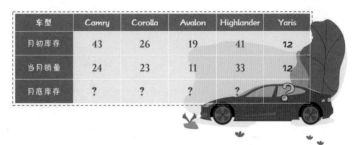

车型	Camry	Corolla	Avalon	Highlander	Yaris
月初库存	43	26	19	41	12
当月销量	24	23	11	33	12
月底库存	?	?	?	?	?

各种车型的销售情况，以便调整销售策略，同时更新当月库存。如果库存小于3辆，就提醒管理人员补充库存。

2. 问题思考

01　如果使用字典存储汽车售量的话，如何按照销量进行排序？

02　如何更新汽车库存并给出采购建议？

3. 知识准备

字典是无序的，可通过键来访问值。一般情况下，建议使用下表中列出的方法来获取字典中的键和值，这里假设student={'name': '李明', 'sex':'男', 'age':'15'}。

方法	说明	示例	结果
keys()	返回字典中的键	for i in student.keys(): 　　print(i)	name sex age
values()	返回字典中的值	for i in student.values(): 　　print(i)	李明 男 15
items()	返回字典中的键和值	for i,j in student.items(): 　　print(i,j)	name 李明 sex 男 age 15

项目分析

1. 思路分析

根据题意，为了对汽车的销售情况进行统计，可以首先创建汽车的月初库存字典和汽车销售字典，从而记录汽车的库存和销售情况。然后对不同车型的售量进行排序，最后计算月底库存，如果库存小于3辆，就在打印月底库存时给出采购建议。

2. 算法分析

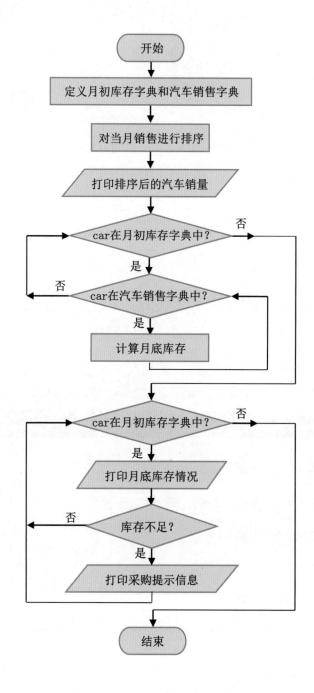

项目实施

1. 编写程序

项目8　汽车销售管理.py

```
1  cars_stored = {'Camry': 43, 'Corolla': 26, 'Avalon': 19, 'Highlander': 41, 'Yaris': 12}
2  cars_saled = {'Camry': 24, 'Corolla': 23, 'Avalon': 11, 'Highlander': 33, 'Yaris': 12}
3  Warning_num = 3                     # 提示进行采购的库存预警值
4  print('本月汽车销售情况排序如下：')
5  sorted_cars = sorted(cars_saled.items(), key=lambda item: item[1])  # 排序
6  print(sorted_cars)
7  for (name, value) in sorted_cars:
8      print('{}销售了{}台。'.format(name, value))
9  for car in cars_stored.keys():       # 对于所有在售车型
10     if car in cars_saled.keys():     # 如果有销售记录的话
11         cars_stored[car] = cars_stored[car] - cars_saled[car]  # 更新库存
12
13 print('目前库存情况：')
14 for car, num in cars_stored.items():
15     print('{}:{}台。'.format(car, num))     # 输出月底库存
16     if num <=Warning_num:            # 如果库存小于3辆，就输出提示信息
17         print(car+'库存不足，建议采购。')
```

2. 测试程序

```
本月汽车销售情况排序如下：
Avalon销售了11台。
Yaris销售了12台。
Corolla销售了23台。
Camry销售了24台。
Highlander销售了33台。
目前库存情况：
Camry:19台。
Corolla:3台。
Corolla库存不足，建议采购。
Avalon:8台。
Highlander:8台。
Yaris:0台。
Yaris库存不足，建议采购。
>>>
```

3. 答疑解惑

按照题目的要求，需要对当月的汽车销售情况进行排序，这实际上相当于对字典中的值进行排序，但字典本身是无序的。因此，在使用sorted()函数对字典进行排序后，字典本身没有变化，而是产生了一个新的序列并赋值给sorted_cars。如下图所示，产生的新序列是一个列表，这个列表中的每一个元素则是一个元组，这些元组由原来字典中的键值对构成。产生的新序列将按照元组中第2项的大小(汽车销量)从小到大进行排序。

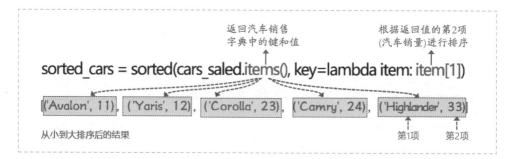

项目支持

1. lambda 函数

lambda函数是程序中临时定义的一次性函数，不需要指定函数名，因此又称为匿名函数。lambda函数可以接收多个参数，并且返回某个指定表达式的值。具体使用方法如下：

```
a = lambda x: x+8
print( a(2) )              # 当执行a(2)时，将2赋值给x，代入表达式x+8
```

10 运行结果

2. 修改字典

在Python中，可以对字典的内容进行修改，比如向字典中添加新的键值对，以及更改字典中已有键的值。具体使用方法如下：

```
dict={'名称':'西瓜','颜色':'绿色','重量':'3.5千克'}
dict['重量']='4.5千克'            # 更新重量
dict['品种']='黑美人'             # 添加新的键值对
print(dict)
```
运行结果

{'名称': '西瓜', '颜色': '绿色', '重量': '4.5千克', '品种': '黑美人'}
>>>

3. 删除字典

在Python中，既可以删除字典中的某个元素，也可以清空整个字典，甚至删除字典。具体使用方法如下：

```
dict={'名称':'西瓜','颜色':'绿色','重量':'3.5千克'}
del dict['重量']            # 删除指定的键值对
print(dict)
dict.clear()               # 清空字典
print(dict)
del dict                   # 删除字典
print(dict)
```

{'名称': '西瓜', '颜色': '绿色'}   运行结果
{}
<class 'dict'>
>>>

◉ 项目练习

1) 阅读如下程序，写出运行结果并上机验证。

```
# 4-4-2.py
tel={'北京':'010','上海':'021','广州':'020','天津':'022','重庆':'026'}
print(tel['上海'])
tel['重庆']='023'
tel['合肥']='0551'
for i,j in tel.items():
    print(i,j,end=',  ')
```

运行结果为：_____

_____

2) 编写程序。请利用所学的字典知识编写一个程序，实现如下功能：输入学生的姓名，查询这名学生的数学考试成绩，然后输出排第几名。

第 5 章

Python 函数编程

经过前4章的学习，相信读者早已掌握函数的使用方法。输入函数input()、输出函数print()、取整函数int()，还有常用的序列函数len()、max()等，这些都是Python内置函数，它们使得编程变得相对简单。除了这些内置函数以外，开发人员也可以根据需要编写自定义函数。

当多个文件需要调用同一个或同一类函数时，可以将函数封装在一起，定义成模块，这能够使程序调用更加方便，代码更加简洁，程序运行更加高效。

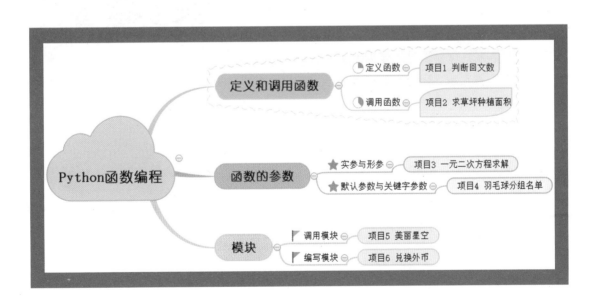

5.1 定义和调用函数

Python内置函数是有限的，在编程时，我们经常需要创建自己的函数，以实现特定的功能，如计算圆的面积或是判断某个数是不是素数等。对于经常需要调用的代码段，我们可以将它们定义成函数，并赋予名称，这样就可以在程序中多次调用了。

5.1.1 定义函数

在Python语言中，可根据实际需求，将某些能够实现特定功能的代码段组织在一起，定义成函数，以便在程序中多次调用。函数能够使程序代码简洁、清晰、易修改。

◎项目1◎ 判断回文数

回文是指无论正着读还是反着读都能读通的句子，如"清水池里池水清；静泉山上山泉静"。很多数字也有这样的特性，如果某个数字的各位数字无论正读还是反读都相同，就称之为回文数。比如12321就是回文数。请你编写一个程序，从而判断输入的整数是不是回文数。

📍 项目规划

1. 理解题意

根据题意，我们需要编写程序来实现如下功能：输入一个整数，判断对其各位数字正向排列和反向排列后得到的两个数是否相同，如果相同，就是回文数，否则不是。由于判断任何整数是不是回文数的过程都是一样的，因此可以将判断代码定义成函数，从而在程序中重复调用。

2. 问题思考

01 如何定义函数？

02 在程序中如何判断一个整数是不是回文数？

3. 知识准备

1) 函数的定义方法。

在Python程序中，函数在使用之前必须先定义，之后才能调用。我们通常使用def语句来定义函数，语法格式如下：

def 函数名(参数): 　　函数体 　　return 返回值	例如：　def fun(a,b): 　　　　　　s=a*a+b*b 　　　　　　return s

其中，fun是函数名，a和b是函数的两个参数，语句s=a*a+b*b是函数体，s是函数的返回值。

需要注意的是：函数在使用时，可以没有参数和返回值，但是函数名后面的圆括号和冒号不能省略。

2) 定义函数时的语法规则。

使用def语句定义的函数包括函数名、参数、函数体和返回值4部分。在定义函数时，我们需要遵循一定的语法规则。

○ **以def开头**：在定义函数时，必须以def关键字开头，后面紧跟着函数名、圆括号和冒号。

○ **参数**：函数的参数必须放在圆括号内，如果有多个参数，可用逗号隔开。函数也可以不带参数。

○ **函数体**：可通过对函数的内容进行缩进来表示语句属于函数体。函数体内通常会包含一条return语句。

○ **返回值**：函数在调用结束后，一般会返回一个值给函数的调用方，返回值可以是任意类型的数据，也可以是表达式。如果没有返回值，那么默认返回None。

◉ 项目分析

1. **思路分析**

○ **查一查**　定义函数时，函数名的命名规则是什么？请填写在下框中。

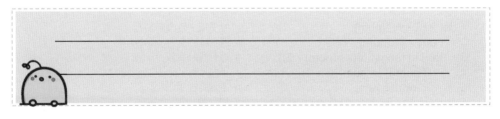

○ **填一填**　当定义一个用于判断回文数据的函数时，你会使用什么样的函数名？

　def ＿＿＿＿＿＿ (num):　**# 参数num表示将要判断的整数**

2. 算法分析

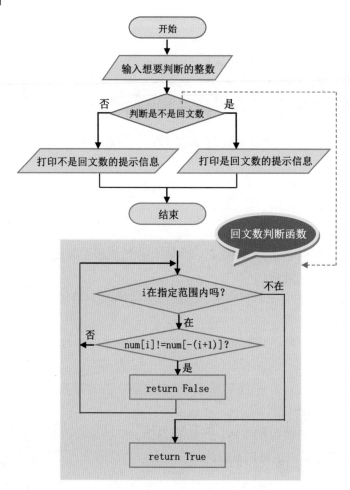

回文数判断函数

⚑ 项目实施

1. 编写程序

项目1　判断回文数.py

```
1  def isHuiWen(num):                          # 定义回文数判断函数
2      num = str(num)                          # 将 num 转换为字符串类型
3      for i in range(int(len(num) / 2)):      # 进行循环比较
4          if num[i] != num[-(i + 1)]:         # 正向排列和反向排列后的数字是否一样
5              return False                    # 不同的话返回 False
6      return True                             # 相同的话返回 True
7
8  num = input('请输入想要判断的整数：')
9  if isHuiWen(num):                           # 调用 isHuiWen() 函数以进行判断
10     print('{}是回文数！'.format(num))
11 else:
12     print('{}不是回文数！'.format(num))
```

2. 测试程序

第1次运行程序时，输入整数13144131；第2次运行程序时，输入整数7833914；查看并比较两次运行的结果。

第1次运行程序的结果：

> 请输入想要判断的整数: 13144131
> **13144131是回文数!**
> >>>

第2次运行程序的结果：

> 请输入待判断的整数: 7833914
> **7833914不是回文数!**
> >>>

3. 答疑解惑

首先，将输入的整数转换成字符串，如下图所示，当判断输入的整数是不是回文数时，实际上也就是判断下图中的4组数是否完全相等，相等就是回文数，否则不是回文数。在进行判断时，利用字符串的正向索引和反向索引可知，前4个数按正向索引方式，它们的索引值分别为0、1、2、3；后4个数按反向索引方式，对应的索引值为分别为-4、-3、-2、-1。因此，我们需要比较num[0]和num[-1]、num[1]和num[-2]、num[2]和num[-3]、num[3]和num[-4]这4组数是否相等。这在程序中可以采用循环结构来实现，写成通用的表达式后，也就是num[i]！=num[-(i-1)]，不相等就返回False，全部相等就是回文数，返回True。

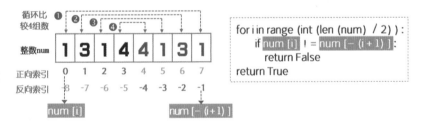

另外，可在程序中利用内置函数input()输入想要判断的整数，input()函数得到的是字符串类型的数据。但是在定义isHuiWen()函数时，上述程序的第2行语句仍使用str()函数将num转换成字符串类型，这是为了提高自定义函数的通用性；不管输入的num是整数还是字符串，都统一转为字符串，以确保程序不会出错。

项目支持

1. Python 内置函数

Python语言提供了多个不同功能、不同类型的内置函数，主要用来实现数学运算、类型转换、各种序列操作、文件操作等。常用的Python内置函数如下表所示。

函数	功能	示例
abs()	取绝对值	abs(5)＝5，abs(-5)＝5
int()	取整数或转换为整型	int()＝0，int(1.6)＝1，int('2')＝2
float()	将整数和字符串转换成浮点数	float(3)＝3.0，float('-3')＝-3.0
min()	找出最小数	min(16,28,12,5,9)＝5
max()	找出最大数	max(16,28,12,5,9)＝28
ord()	返回字符对应的ASCII码值	ord(A)＝65，ord('*')＝42
chr()	将ASCII码值转换成单个字符	chr(65)＝A，chr(42)＝'*'

2. 有返回值的函数

在上面的程序中，调用isHuiWen()函数后，就会返回True或False，isHuiWen()就是有返回值的函数。如下图所示，有返回值的函数需要通过return语句来返回函数的运行结果。返回值的类型可以是数字、字符串、列表等，也可以是表达式。

```
defzhongli(m):
    g=9.8
    return(m*g)
G=Zhongli(8)
print('重力为: ',G)
运行结果如下:
重力为: 78.4
```

3. 无返回值的函数

另一类函数在调用结束后没有任何返回值，此时默认会返回None。如下图所示，无返回值的函数在调用后没有返回值，而仅仅打印一组数据。

```
def telprint ():
    print('------------通讯录------------')
    print('  1. 李兰15288981213   ')
    print('  2. 夏晓13376885322   ')
    print('------------------------------')
    return
telprint()
```

```
-----------通讯录-----------
 1. 李兰 15288981213
 2. 夏晓 13376885322
-----------------------------
>>>
```

运行结果

项目练习

1) 阅读如下程序，写出运行结果。

```
# 5-1-1.py
def area (r):
    a = 3.14*r*r
    return(a)
r = 3
s=fun(r)
print('%.2f'%s)
```

运行结果为：_____。

2) 阅读并完善如下程序。方方同学写了如下程序来交换变量a和b的值，请将代码补充完整。

```
# 5-1-2.py
def fun(a,b):
    a=a+b
    b= _____
    a= _____
    print(a,b)
a=6
b=8
fun(a,b)
```

3) 已知重力的计算公式为$G=mg$，其中m为物体的质量，g为重力加速度，约为9.8 N/kg。请利用所学的函数知识编写程序，当输入物体的质量后，输出物体受到的重力。

5.1.2　调用函数

在Python语言中，只有在程序的开头定义好函数后，才可以在程序中按照规定的格式，通过函数名使用函数，使用函数的过程就是调用函数。

◎项目2◎　求草坪种植面积

某公园要给一块空地铺设草坪，如下图所示，经过测量，这块五边形空地的边长分别为5米、9米、6米、7米、7米，同时还测得其中两条对角线的长度为13米、11米。请编写一个程序，算一算需要种植多少平方米的草坪？

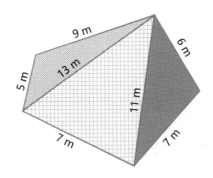

📍 **项目规划**

1. **理解题意**

根据题意，本例要求算出草坪种植面积，这实际上相当于计算一个不规则五边形的面积。如上图所示，两条对角线将五边形分成了三个三角形，因此五边形的面积等于这三个三角形的面积之和。要计算这三个三角形的面积之和，可以将计算三角形面积的代码定义为函数，在程序中需要的地方调用即可。

2. **问题思考**

01 知道三角形的边长，如何计算三角形的面积？

02 在程序中如何多次调用三角形面积计算函数？

3. **知识准备**

1) 函数调用。

在程序中，当定义了函数后，函数本身并不会自动执行，只有在被调用后，函数才会被执行。调用函数时，我们需要知道函数的名称和参数，具体用法如下。

```
def print_star(n):          # 定义了一个打印星号的函数

print('★'*n)                # 打印n个星号

print_star(20)              # 调用print_star()函数，打印20个星号

运行结果: ★★★★★★★★★★★★★★★★★★★★
```

2) 变量的作用域。

变量的作用域是指变量在程序中能够发挥作用的范围。变量能被访问的权限取决于变量是在程序中的哪个位置被赋值的。按照变量能被访问的范围，可将变量分为局部变量和

全局变量。

项目分析

1. 思路分析

○　**查一查**　利用三条边长计算三角形面积的海伦公式是什么？请填写在下框中。

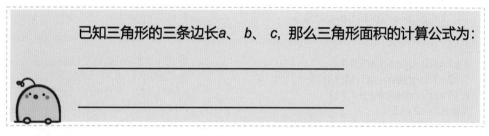

已知三角形的三条边长*a*、*b*、*c*，那么三角形面积的计算公式为：

_____

_____

○　**写一写**　请使用Python语言将海伦公式改写成表达式，填写在下框中。

p=(*a*+*b*+*c*)/2

s=　_____

○　**填一填**　当定义一个用于判断回文数据的函数时，你会使用什么样的函数名？

def _____ (num):　　　# 参数 num 为想要判断的整数

2. 算法分析

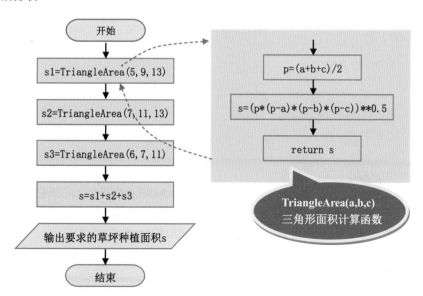

📍 项目实施

1. 编写程序

项目2　求草坪种植面积.py

```
1  def TriangleArea(a,b,c):              # 定义三角形面积计算函数
2      p=(a+b+c)/2
3      s=(p*(p-a)*(p-b)*(p-c))**0.5      # 利用海伦公式求三角形面积
4      return s                          # 返回面积s
5
6  s1=TriangleArea(5,9,13)               # 调用函数，求第1个三角形的面积
7  s2=TriangleArea(7,11,13)              # 调用函数，求第2个三角形的面积
8  s3=TriangleArea(6,7,11)               # 调用函数，求第3个三角形的面积
9  s=s1+s2+s3                            # 求三个三角形面积之和
10 print('草坪种植面积为{:.2f}平方米。'.format(s))  # 格式化输出草坪种植面积
```

2. 测试程序

```
草坪种植面积为73.54平方米。
>>>
```

3. 答疑解惑

在本例中，三角形面积计算函数TriangleArea(a,b,c)利用海伦公式 $s\sqrt{p(p-a)(p-b)(p-c)}$ 来计算三角形的面积，转换成Python表达式之后，变为s=(p*(p-a)*(p-b)*(p-c))**0.5。这里使用指数运算**来计算平方根，需要注意的是，指数运算方法只适用于正数。

另外，在上述程序中，第3行的变量s为局部变量，它只在函数内部起作用，用来存放每次调用TriangleArea()函数时计算得到的三角形面积。第9行的变量s则是全局变量，它被赋值为三个三角形面积之和。

📍 项目支持

1. 局部变量与全局变量

一般情况下，在函数内部声明的变量，作用域仅限于函数内部，不能从函数外部访问，我们称这样的变量为局部变量。定义在函数外部的变量，作用域是整个程序，我们称这样的变量为全局变量。

```
def printmul(a,b):
    product=a*b                    # product在函数内部为局部变量
    print('函数内部product=: ',product)   # 打印局部变量product的值
product=1                          # 此处的product为全局变量
printmul(2,3)
print('函数外部product=: ',product)
```

```
函数内部 product= 6
函数外部 product= 1
>>>
```
运行结果

当调用printmul(a,b)函数时，函数内部的product变量为局部变量，值为6；而函数外部的product变量为全局变量，在被赋值为1之后，并不会因为调用printmul(a,b)函数而发生改变，值仍然为1。因此，函数内部的局部变量虽然可以与全局变量重名，但它们是两个不同的变量。

2. global 语句

使用global语句可以将函数内部的局部变量转为全局变量。如下所示，在函数内部用global 语句声明变量a为全局变量之后，就可以修改全局变量a的值了。

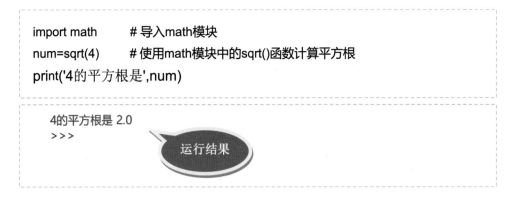

```
a=2
def fun(b):
    global a
    a=a*b
    return()
fun(3)
print('a=',a)
```

```
a= 6
>>>
```
运行结果

3. 使用 sqrt()函数求平方根

本例利用指数运算，通过求数字的0.5次方来计算平方根。在Python中，还有一些内置模块，如math模块，其中提供了许多用于浮点数运算的函数。平方根的计算就可以使用math模块中的sqrt()函数来实现，使用方法如下：

```
import math        # 导入math模块
num=sqrt(4)        # 使用math模块中的sqrt()函数计算平方根
print('4的平方根是',num)
```

```
4的平方根是 2.0
>>>
```
运行结果

项目练习

1) 阅读如下程序，写出运行结果并上机验证。

```python
# 5-1-4.py
def fun():
    global a
    a=10
    b=20
    print("inside:",x,y)
a=30
b=40
print("before:",a,b)
fun()
print("after:",a,b)
```

运行结果为：_____

_____

_____

2) 完善如下程序，写出运行结果。如下程序的功能是：输入一组数据，对它们按照从小到大的顺序进行排序。请将代码补充完整，写出运行结果并上机验证。

```python
# 5-1-5.py
def sorts(s):
    for i in range(n-1):
        for j in _____:
            if s[i]>s[j]:
                _____


n=int(input('输入数据个数： '))
x=[]
for i in range(n):
    x.append(int(input('输入一个整数： ')))
_____
print("将数据从小到大排序： ",x)
```

运行程序，输入3个数——32、12、26，输出结果为：_____

3) 请编写一个程序，求下图所示阴影部分的面积。要求首先自定义圆面积计算函数，然后在程序中调用该函数，求出阴影面积。

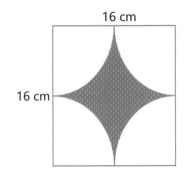

16 cm

16 cm

5.2　函数的参数

在Python语言中，参数是函数的重要组成部分。在调用Python内置函数或自定义函数时，可在程序中直接使用函数名，并在函数名后面的圆括号中传入参数，以实现程序与函数之间数据的传递。

5.2.1　实参与形参

函数在定义时，既可以有参数，也可以没有参数。对于有参数的函数，定义函数时的参数称为形参，调用函数时传入的参数称为实参。

◎项目3◎　一元二次方程求解　:::

一元二次方程的标准形式为$ax^2+bx+c=0$，其中$a\neq0$，当$b^2-4ac>0$时，方程有两个不相等的实根，分别为$x_1=(-b+\sqrt{b^2-4ac})/2a$，$x_2=(-b-\sqrt{b^2-4ac})/2a$；当$b^2-4ac=0$时，方程有两个相等的实数根，$x_1=x_2=-b/2a$，当$b^2-4ac<0$时，方程没有实根。你能使用Python语言编写一个程序，实现一元二次方程的求解过程吗？

📍 项目规划

1. 理解题意

本例想要实现的功能是：在输入方程的二次项系数 a、一次项系数 b 以及常数项 c 的值之后，求出一元二次方程的解。在求解方程的过程中，可通过判断 b^2-4ac 的值给出对应的解。

2. 问题思考

01 如何使用数学的方法求一元二次方程的解？

02 如果方程有解，你能使用Python语言写出解的表达式吗？

3. 知识准备

参数分为形式参数和实际参数，简称形参和实参。在定义函数时，圆括号中的参数都是形参；在程序中调用函数时，代入的参数是实参。如下图所示，在调用函数时，形参a对应实参3，形参b对应实参4。通常情况下，实参与形参是按照书写顺序对应传递的。

```
def fun(a,b):          # a和b为形参
    s=a*b              # 求矩形的面积
    return s
area=fun(3,4)          # 3和4为实参
```

📍 项目分析

1. 思路分析

○ **查一查**　请你查一查，在Python语言中求平方根时除了使用指数运算之外，还有没有其他方法？请把找到的方法写在下框中。

○ **写一写**　如果方程有两个实根，请使用Python语言写出根的表达式，填写在下框中。

$x_1 =$ _____

$x_2 =$ _____

○ **说一说**　在本例中，既可以将方程的求解代码定义为函数，也可以将用来求b^2-$4ac$的代码定义为函数，你会选择哪种方式？说一说理由。

2. 算法分析

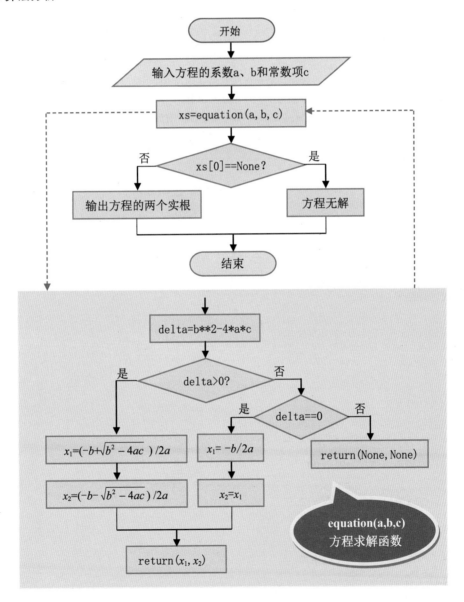

项目实施

1. 编写程序

项目3　一元二次方程求解.py

```python
1  import math                                    # 导入math模块
2  def equation(a,b,c):                            # 定义方程求解函数
3      delta=b**2-4*a*c
4      if delta>0:                                 # 如果delta>0
5          x1=(-b+math.sqrt(delta))/(2*a)          # 方程有两个实根
6          x2=(-b-math.sqrt(delta))/(2*a)
7      elif delta==0:                              # 如果delta=0
8          x1=-b/(2*a)                             # 方程有两个相等的实数根
9          x2=x1
10     else:                                       # 如果delta<0
11         return(None,None)                       # 方程没有实根，函数返回None
12     return (x1,x2)                              # 返回函数的两个根
13
14 a=int(input('请输入一元二次方程的二次项系数a(a≠0):'))
15 b=int(input('请输入一元二次方程的一次项系数b:'))
16 c=int(input('请输入一元二次方程的常数项c:'))
17 xs=equation(a,b,c)                              # 调用函数，将返回值赋给xs
18 if xs[0]==None:                                 # 如果函数返回的是None，那么方程无解
19     print('方程无解')
20 else:                                           # 否则输出方程的解
21     print('方程的解是x1={:.2f}, x2={:.2f}'.format(xs[0],xs[1]))
```

2. 测试程序

第1次运行程序时，输入2、4、1；第2次运行程序时，输入1、2、1；第3次运行程序时，输入4、2、3；查看并比较程序三次运行的结果。

第1次运行结果：

```
请输入一元二次方程的二次项系数a(a≠0):2
请输入一元二次方程的一次项系数b:4
请输入一元二次方程的常数项c:1
方程的解是x1=-0.29, x2=-1.71
>>>
```

第2次运行结果：

```
请输入一元二次方程的二次项系数a(a≠0):1
请输入一元二次方程的一次项系数b:2
请输入一元二次方程的常数项c:1
方程的解是x1=-1.00, x2=-1.00
>>>
```

第3次运行结果：

```
请输入一元二次方程的二次项系数a(a≠0): 4
请输入一元二次方程的一次项系数b: 2
请输入一元二次方程的常数项c: 3
方程无解
>>>
```

3. 答疑解惑

这里也需要求平方根，但与之前的实现方法不同，上述程序中的第5和6行调用了math模块中的sqrt()函数。另外需要注意的是第11行，当delta<0时，方程无解，函数返回两个None，否则返回两个实根。在调用完equation()函数后，程序将首先判断返回值是不是None，然后才输出对应的解，如第18行代码所示。

📍 项目支持

1. 空参数

自定义函数的形参为空，在调用时不传递任何参数，操作方法如下：

```
def fun():                      # 定义fun()函数，参数为空
    print('----------分隔线---------- ')
fun()                           # 调用fun()函数，不用传入参数
```

2. math 模块

Python提供了不少模块，例如math模块，其中包含了可供计算的常量和各种运算函数，如指数运算函数pow()、对数运算函数log()、正弦函数sin()等。本例就用到了math模块中的平方根计算函数sqrt()。

📍 项目练习

1) 阅读程序，写出运行结果并上机验证。

```
# 5-2-1.py
def fun(l,c):
    for r in range(l):
        for i in range(r+1):
            print(c, end="")
        print()

fun(6,"%")
fun(8,"&")
fun(3,"*")
```

运行结果为：

2) 完善如下程序。如下程序实现的功能是：查找列表中的最小数，并将查找结果打印出来。请将代码补充完整。

```
# 5-2-2.py
def min_num(list):
    min = _____
    for i in range(1, len(list)):
        if min > list[i]:
            _____
    return min
l1=[8,3,6,2,7]
n= min_num(l1)
print(n)
```

3) 编写程序，实现如下功能：输入一个字符串，统计这个字符串中有多少个大写字母。

5.2.2 默认参数与关键字参数

在Python语言中调用函数时，常常会用到默认参数和关键字参数。在编程时，如果使用默认参数，那么在调用函数时可以不用传入参数，直接使用默认值即可；如果使用关键字参数，那么在调用函数时可以不考虑参数的顺序，从而使程序的编写更加灵活且人性化。

◎项目4◎ 羽毛球分组名单

暑期羽毛球集训班开班了，辅导员吩咐李响将学生报名信息整理好并分组打印出来。如右图所示，学生信息包括分组、姓名、性别、年龄。请你帮李响编写一个程序，打印所需的学生报名信息表。

📍 项目规划

1. 理解题意

李响同学需要整理学生报名信息，并且按照统一格式打印出来。从上图可以看出：学生填报的信息一是不完整，没有填写性别的默认都是男生；二是填报的信息与最终打印的信息有所不同——

分组前　　　　　　分组后

年龄放了在性别之后；三是羽毛球训练需要两两分组。我们可以自定义函数来实现打印格式的统一，需要打印的时候，直接调用函数进行打印即可。

2. 问题思考

在定义用于统一打印格式的函数时，需要几个参数？

当信息不完整，比如缺少性别信息时，应该如何传递参数？

 如何解决填写的信息与打印出来的信息不一致的问题？

3. 知识准备

1) 默认参数。

在定义函数时，如果给参数设置了默认值，那么在调用函数时可以不传入实参，直接使用默认值即可，具体使用方法如下：

```
def fun(a,b,c=3)      # c是默认参数，值默认为3
    print(a,b,c)
fun(1,2,4)
fun(1,2)
运行结果：1 2 4
              1 2 3
```

fun()函数有3个参数，当调用fun()函数时，参数a和b需要提供参数值，但是参数c可以不提供参数值。当没有为参数c提供参数值时，参数c默认为3。需要特别注意的是，默认参数必须定义在最后，否则调用时会报错。

2) 关键字参数。

调用函数时，可以不按照函数定义时的位置顺序传递参数，而是通过参数名传入指定的参数值，具体使用方法如下：

```
def fun(a,b,c)
    print(a,b,c)
fun(c=1,a=2,b=3)      # 通过参数名指定传入的参数值
运行结果：2 3 1
```

⚲ 项目分析

1. 思路分析

○ **说一说**　每一位报名学生的信息由序号、姓名、年龄、性别组成，你会采用什么类型的数据结构来存储这些信息，请把想法填写在下框中。

○ **试一试** 自定义的打印函数需要包含序号、姓名、性别、年龄4个参数，当缺少性别参数时，应如何调用打印函数呢？请初步计划一下自定义的打印函数吧！

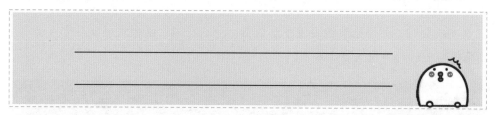

○ **写一写** 如果想要传入的参数和定义函数时的参数顺序不一致，该如何解决呢？请将想法填写在下框中。

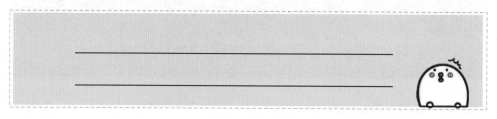

2. 算法分析

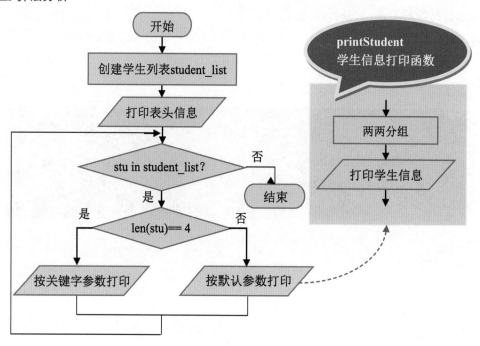

项目实施

1. 编写程序

项目 4　羽毛球分组名单.py

```
1  def printStudent(index, name, age, sex='男'):
2      group = int((index + 1) / 2.0)                          # 两两分组
3      print('{0:{4}>2}{1:{4}>6}{2:{4}>4}{3:{4}>4}'.
4          format(group, name, sex, str(age), chr(12288)))      # 按格式进行统一打印
5
6  student_list = [(1, '刘一诺', 13, '男'), (2, '史政宇', 14), (3, '刘雯昕', 11, '女'),
7          (4, '田甜', 11, '女'), (5, '程文轩', 10, '男'), (6, '李思远', 12)]
8  print('{0:{4}>2}{1:{4}>6}{2:{4}>4}{3:{4}>4}'.                # 打印表头信息
9      format('分组', ' 姓名', '性别', '年龄', chr(12288)))
10 print('-----------------------------------')
11 for stu in student_list:
12     if len(stu) == 4:                  # 当学生信息的长度小于4时，使用关键字参数调用函数
13         printStudent(index=stu[0], age=stu[2], name=stu[1], sex=stu[3])
14     else:
15         printStudent(stu[0],stu[1], stu[2])                  # 使用默认参数调用函数
```

2. 测试程序

运行程序，查看运行结果。

```
分组      姓名    性别    年龄
-----------------------------------
 1      刘一诺    男     13
 1      史政宇    男     14
 2      刘雯昕    女     11
 2       田甜    女     11
 3      程文轩    男     10
 3      李思远    男     12
>>>
```

3. 答疑解惑

在打印学生信息时，上述程序中的第8和9行是一条语句，只是因为过长才分成两行，这条语句使用了格式化输出的方法来对齐中文。Python语言在使用print()进行输出时，为了实现字符串对齐，系统会自动填充英文空格，但本例输出的是中文，这两种字符的宽度不一样，导致输出的字符无法对齐。在编写程序时，可以使用中文空格chr(12288)来进行填充，具体的格式如下图所示。代码中的{1:{4}>6}表示输出的第2项"姓名"占6个字符宽度，右对齐输出，不足的部分以中文空格填充。

135

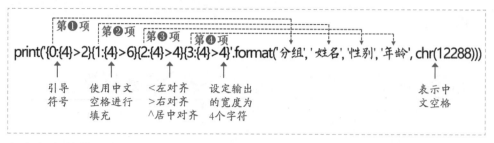

上述程序的第13行在调用函数时没有按照参数的顺序，而是使用参数名index、age、name、sex来指定参数值；第15行使用了默认参数，在调用函数时，sex参数默认为"男"。

◉ 项目支持

1. 位置参数

在Python中调用函数时，可以使用的实参类型一般有4种：位置参数、关键字参数、默认参数和可变参数。位置参数是必需参数，在调用函数时，程序会按照位置顺序从左到右传递参数，并且要求参数的个数和形参完全一致，具体使用方法如下。

```
def fun(a,b,c):
    print(a,b,c)
fun(1,2,3)
```

```
1 2 3
>>>
```
运行结果

2. 可变参数

可变参数又称为不定长参数。在Python中，有的时候实参是可变参数，程序需要处理相比定义时更多的参数。如下所示，在定义函数时，通过在第2个参数b的前面添加星号*，可以让函数接收任意多的参数。当函数被调用时，Python会将这一位置的所有参数放在一个元组中，并将这个元组的值赋给形参b，然后通过for循环遍历这个元组中的所有值并打印出来。

```
def fun(a,*b):
    print('输出：')
    print(a)
    for i in b:
        print(i,end=' ')
fun(1)
fun(2,3,4,5)
```

```
输出：
1
输出：
2
3 4 5
>>>
```
运行结果

◉ 项目练习

1) 阅读程序，写出运行结果并上机验证。

```
# 5-2-4.py
def fun(a,b,c=5):
    f=b*b-2*a*c
    return(f)
print("所求值为：",fun(5,6))
print("求值为：",fun(2,8,11))
print("求值为：",fun(c=10,a=20,b=30))
```

运行结果为：_____

　　　　　　　_____

　　　　　　　_____

2) 编写程序，实现如下功能：将输入的十进制数分别转换成二进制数、八进制数、十六进制数。

5.3　模　　块

在Python中，可以将定义好的函数存储在一个独立的文件中，在编写程序时，只需要导入这个文件，就可以调用其中的函数，这种存储了函数的文件就被称为模块。在编写程序时，既可以自己定义并封装模块，也可以使用Python内置模块。

5.3.1　调用模块

Python语言提供了很多内置模块，如random、math、turtle等模块。每个模块都包含了多个定义好的函数和相关变量，如果要调用一个模块中的函数，那么必须先使用import语句导入这个模块。

◎项目5◎　美丽星空

Python语言除了可以用于计算之外，也可以用于绘制出很多美丽的图形，如右图中美丽的星空。你想知道这是怎样绘制出来的吗？

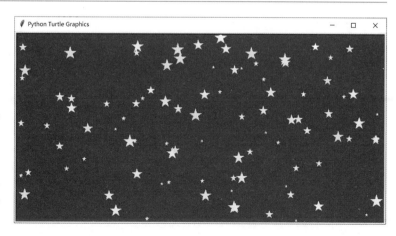

项目规划

1. 理解题意

为了绘制星空图案，我们需要设置好画布的大小和背景颜色，此外还要绘制多个五角星，并且它们的颜色和大小是随机的。

2. 问题思考

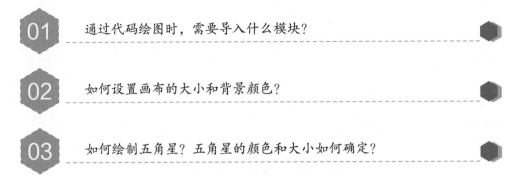

01 通过代码绘图时，需要导入什么模块？

02 如何设置画布的大小和背景颜色？

03 如何绘制五角星？五角星的颜色和大小如何确定？

3. 知识准备

1) turtle模块。

turtle模块是Python语言内置的标准模块，利用turtle模块中的函数可以绘制各种图形，其中比较常用的函数如下表所示。

函数	功能说明
forward(100)	前进100像素
backward(100)	后退100像素
right(90)	右转90度
left(90)	左转90度
pendown()	落笔
penup()	提笔
home()	返回原点
goto(x,y)	将画笔移到指定的坐标位置

2) random模块。

random模块在程序中也很常用，主要用于生成随机的浮点数、整数、字符串等，其中比较常用的函数如下表所示。

函数	功能说明
random()	在指定范围内随机生成一个实数
randint()	在指定范围内随机生成一个整数
uniform()	在指定范围内随机生成一个浮点数
choice()	从任意一个序列中随机选取一个元素并返回
shuffle()	将序列中的元素随机打乱

3) random()函数。

random()函数的作用是随机生成一个大于或等于0且小于1的实数，使用方法如下。

```
import random          # 导入random模块
random.random( )       # 在调用时需要声明random()函数位于random模块中
如： import random
         print(random.random( ))
     运行结果： 0.32826687486168993
```

📍 项目分析

1. 思路分析

○　**查一查**　请你想一想，为了实现绘图功能，我们需要导入turtle模块，如何导入呢？请你查一查相关资料，将导入语句写在下框中。

○　**选一选**　为了绘制星空图案，我们需要调用turtle模块中的相关函数，请在下框中选出需要的函数。

☐ forward()	前进	☐ home()	返回原点
☐ backward()	后退	☐ hideturtle()	隐藏画笔
☐ right(90)	右转90度	☐ fillcolor()	填充色
☐ left(90)	左转90度	☐ bgcolor()	背景色
☐ pendown()	落笔	☐ begin_fill()	开始填充
☐ penup()	提笔	☐ end_fill()	结束填充
☐ speed()	设置画笔速度	☐ color()	画笔的填充色
☐ setup()	设置画布	☐ width()	画笔的粗细

○　**查一查**　下图是使用turtle模块中的setup()函数创建的800×600像素大小的画布，请你查一查相关资料，在下框中画出坐标轴原点。

2. 算法分析

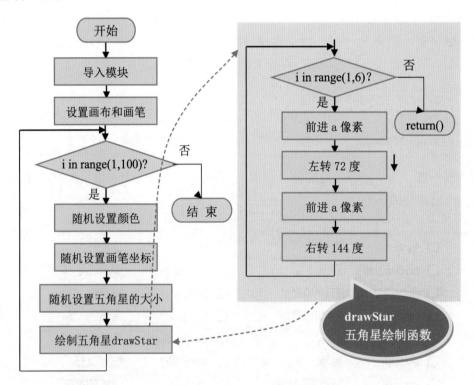

项目实施

1. 编写程序

项目 5　美丽星空.py

```
1  from turtle import*              # 导入turtle模块
2  from random import randint,random # 导入random模块
3  setup(800,400)                   # 创建画布
4  bgcolor('blue4')                 # 设置背景色为蓝色，4表示蓝色的深浅度
5  shape('turtle')                  # 设置画笔为箭头形状
6  width(1)
7  speed(10)                        # 设置画笔的绘制速度为10
8  def drawStar(a):                 # 定义五角星绘制函数
9      for i in range(1,6):         # 通过循环绘制五角星
10         forward(a)               # 前进a像素，a表示五角星的边长
11         left(72)
12         forward(a)
13         right(144)
14     return()
15 for i in range(1,100):           # 绘制100个五角星
16     starcolor=(1,1,random())     # 随机设置五角星的颜色
17     color(starcolor)             # 设置画笔颜色和填充颜色
18     x=randint(-400,400)          # 设置x和y为随机整数
19     y=randint(-200,200)
20     penup()
21     goto(x,y)                    # 设置画笔的起始位置
22     pendown()
23     starsize=randint(2,10)       # 设置五角星的边长为2~10的随机整数
24     begin_fill()
25     drawStar(starsize)           # 调用五角星绘制函数
26     end_fill()
27 hideturtle()                     # 隐藏画笔
```

2. 测试程序

运行程序并查看运行结果，效果如下图所示。

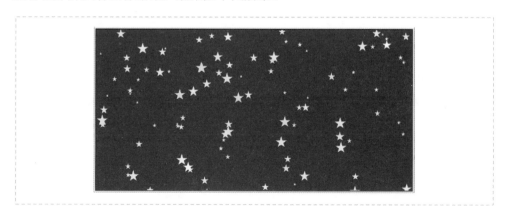

3. 答疑解惑

为了绘制星空图案，这里调用了turtle模块中的很多函数，比如forward(a)、left(72)等。上述程序的第8~14行定义了五角星绘制函数。如下图所示，绘制五角星时，小海龟形状的画笔先是前进a像素，而后左转72度；之后再前进a像素，而后右转144度；如此循环5次后，即可完成五角星的绘制。

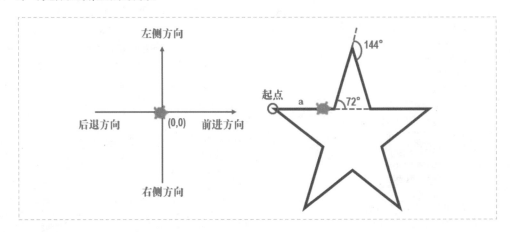

项目支持

1. 常见的颜色填充函数

turtle模块中还包含与画笔的状态、颜色等属性相关的函数，如下表所示。

函数	说明
fillcolor()	设置填充颜色
bgcolor()	设置画布的背景颜色
begin_fill()	画笔开始填充
end_fill()	画笔结束填充
pencolor()	设置画笔颜色
speed(n)	设置画笔的移动速度，整数n的取值区间是[0,10]，数字越大，速度越快

2. setup()函数

setup()函数是turtle模块的内置函数，作用是：以屏幕的左上角为起点，创建画布。其中，前两个参数用于确定画布的大小；后两个参数是可选参数，用于指定画布在屏幕上的位置。

setup(width,height,startx,starty)

例如：setup(800,600,0,0)

　　# 以屏幕的左上角为起点创建长800像素、宽600像素的画布

3. turtle 模块中的色彩表示

在使用turtle模块绘图时，可以选择丰富多彩的颜色。每种颜色有三种表示方式：英文名称、RGB整数值或RGB小数值，如下表所示。

颜色	英文名称	RGB整数值(0~255)	RGB小数值(0~1)
白色	white	(255,255,255)	(1,1,1)
黄色	yellow	(255,255,0)	(1,1,0)
洋红	magenta	(255,0,255)	(1,0,1)
青色	cyan	(0,255,255)	(0,1,1)
蓝色	blue	(0,0,255)	(0,0,1)
黑色	black	(0,0,0)	(0,0,0)

4. import 语句

在Python中，导入模块的方法有很多种。其中一种就是将整个模块导入程序中，然后调用其中需要的某个函数，如下所示。

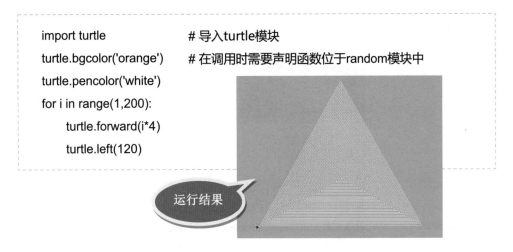

```
import turtle              # 导入turtle模块
turtle.bgcolor('orange')   # 在调用时需要声明函数位于random模块中
turtle.pencolor('white')
for i in range(1,200):
    turtle.forward(i*4)
    turtle.left(120)
```

运行结果

5. from…import 语句

在Python中，除了可以导入整个模块之外，也可以使用from…import 语句导入模块中的一个或多个函数。如下所示，在编写了from random import * 语句之后，当调用turtle模块中的函数时，可以不在函数名前加模块名，而是直接使用函数名调用模块中指定的函数。

```
from turtle import  *      # 导入turtle模块
bgcolor('orange')          # 直接使用函数名调用模块中指定的函数
pencolor('white')
for i in range(1,200):
    forward(i*4)
    left(120)
```

📍 项目练习

1) 运行如下程序，查看绘制出来的最终图案。

```
# 5-3-1.py
from turtle import*
speed(10)
bgcolor('black')
sides = 6
colors = ['red', 'yellow', 'green', 'blue', 'orange', 'purple']
for x in range(360):
    pencolor(colors[x % sides])
    forward(x * 3 / sides + x)
    left(360 / sides + 1)
    width(x * sides / 200)
```

2) 请编写程序，绘制如下图所示的同心圆效果。

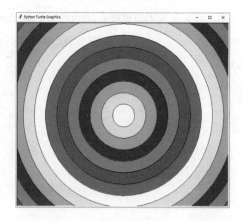

5.3.2　编写模块

在编写程序时，既可以调用Python内置模块，也可以将经常需要重复使用的一些函数、方法等保存到文件中，生成模块以便在其他程序中导入使用。

◎项目6◎　兑换外币

方舟的父母最近计划外出旅游，在出发之前，他们需要兑换一些外币。方舟同学最近刚好学了Python编程，于是，他编写了一个兑换外币的程序，以方便父母计算兑换金额。

项目规划

1. 理解题意

为了计算外币兑换金额，我们需要知道当前最新的汇率、兑换的类别以及想要兑换的金额。因此，方舟同学编写的外币兑换程序需要实现的功能是：输入最新的汇率、类别和金额后，就能输出兑换结果。由于外币兑换功能在其他程序中也会经常用到，因此方舟同学把外币兑换功能做成了模块，以便在其他程序中共享调用。

2. 问题思考

01　如何编写外币兑换模块？

02　如何在程序中调用生成的外币兑换模块？

3. 知识准备

1) 编写模块。

编写模块其实就是将多个函数封装到扩展名为.py的文件中，模块的名称与文件的名称相同。在编写其他程序时，可以使用import语句导入自定义的模块，导入的方法和导入标准库模块一样。

2) 模块文件中的注释。

如下所示，模块文件中定义了一个用于求矩形面积的函数，供其他程序调用。在定义模块的时候，一般会在模块文件的开头加上两行标准注释，第1行注释表示当前定义的模块可以直接在UNIX/Linux/Mac上运行，第2行注释表示当前文件使用的是标准UTF-8编码。

```
# !/usr//bin/env python3        当前定义的模块可以直接在UNIX/Linux/Mac上运行
# -*- coding:utf-8 -*-          当前文件使用的是标准UTF-8编码

def fun(a,b):
    s=a*b
```

📍 项目分析

1. 思路分析

○ **填一填** 请你查一查，在编写模块时需要做哪些准备工作，请将查到的结果填写在下框中。

○ **写一写** 请你想一想，如何调用自己编写的模块中的函数？假设编写的模块文件名为charge.py，请将调用语句写在下框中。

○ **说一说** 在本例中，我们编写的模块都包含哪几个函数，它们的功能分别是什么。

2. 算法分析

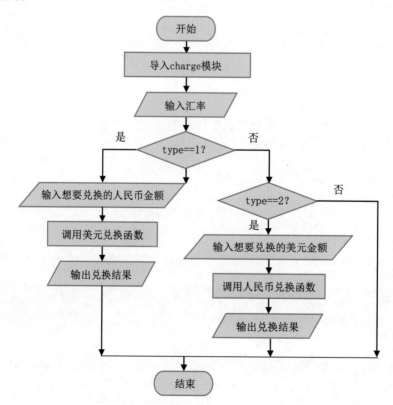

项目实施

1. 编写模块文件

编写模块文件charge.py，其中包含汇率设置、人民币兑换美元、美元兑换人民币三个函数。charge模块中的函数可以被程序文件"兑换外币.py"导入并调用，charge.py模块文件中的代码如下。

项目 6　charge.py

```
1  # !/usr//bin/env python3              # 模块注释
2  # -*- coding:utf-8 -*-
3
4  def setRmb2Dollar(rate):              # 定义汇率设置函数
5      global rmb2dollarRate             # 设置 rmb2dollarRate 为全局变量
6      rmb2dollarRate=rate
7
8  def rmb2Dollar(rmb):                  # 定义人民币兑换美元函数
9      return round(rmb /rmb2dollarRate,2)
10
11 def dollar2Rmb(dollar):               # 定义美元兑换人民币函数
12     return round(dollar * rmb2dollarRate,2)
```

2. 编写主程序文件

主程序文件"兑换外币.py"中的代码如下，其中的第1行代码导入了我们刚才编写的charge模块。

项目 6　兑换外币.py

```
1  import charge                         # 调用我们刚才编写的charge模块
2
3  rate=float(input('请输入当前人民币兑美元汇率：1美元兑换人民币多少元？'))
4  charge.setRmb2Dollar(rate)            # 调用charge模块中的setRmbDollar函数
5  type=int(input('请输入兑换类别：1.人民币兑换美元 2.美元兑换人民币。'))
6  if type==1:                           # 输入1，调用人民币兑换美元函数
7      rmb=float(input('请输入要兑换的人民币金额（元）：'))
8      dollar=charge.rmb2Dollar(rmb)     # 调用charge模块中的rmb2Dollar函数
9      print('{}元人民币={}美元'.format(rmb,dollar))
10 elif type==2:                         # 输入2，调用美元兑换人民币函数
11     dollar=float(input('请输入要兑换的美元金额（元）：'))
12     rmb=charge.dollar2Rmb(dollar)     # 调用charge模块中的dollar2Rmb函数
13     print('{}美元={}元人民币'.format(dollar,rmb))
```

3. 测试程序

运行程序，查看运行结果。

```
请输入当前人民币兑美元汇率：1美元兑换人民币多少元? 6.7
请输入兑换类别：1.人民币兑换美元 2.美元兑换人民币。1
请输入要兑换的人民币金额（元）：450
450.0元人民币=67.16美元
>>>
```

📍 项目支持

1. 模块的分类

Python模块通常有三种：第一种是系统自带的模块，Python内置了二百多个模块，这些内置的模块统称为标准库；第二种是第三方模块，Python支持大量的第三方模块，如pillow(图像处理模块)、requests(网络资源处理模块)等，通过使用他人写好的模块，可以省去自己编写的麻烦，从而极大地提高程序开发效率；第三种是自定义模块，也就是用户自己编写的模块。自定义的模块文件在使用时一般和程序文件放在同一位置，这样在调用时就不用指定模块文件所在的路径了。

2. 在编写模块之前要做的准备工作

将自己编写的模块和调用程序放在同一文件夹中，即可在程序中导入并使用模块。因此，在编写模块文件之前，我们需要做一些准备工作，主要包括：建立文件夹用于存放模块文件和程序文件；对模块文件以及内部的自定义函数进行命名；等等。为方便调用，建议模块文件用英文命名，名称可由字母、数字和下画线组成，但不能使用系统保留字或标识符，也不能和系统内置模块重名。

📍 项目练习

1) 阅读如下程序，写出运行结果并上机验证。

```
# 自定义模块 introduce.py
# !/usr//bin/env python3
# -*- coding:utf-8 -*-

def hello(name,class):
    print('姓名：',name)
    print('班级：',class)
```

```
# 主程序 5-3-3.py
import introduce

introduce.hello('方舟', '高一(12)班')
```

运行结果为：＿＿＿＿＿＿＿＿＿＿

＿＿＿＿＿＿＿＿＿＿

2) 编写程序。

每个人的身份证号暗含个人的出生日期、性别、年龄等信息。请你定义一个模块文件，在其中封装用于打印出生日期、性别、年龄等信息的函数。然后编写调用程序，在调用程序中导入前面编写的模块，只要输入身份证号，就打印对应的出生日期、性别、年龄等信息。

第6章

Python 图形界面

前5章涉及的编程项目使用的都是非图形化界面，程序的运行需要通过输入输出等各种指令在命令提示符下来实现。其实，使用Python也可以编写图形化程序，有了图形用户界面，用户就可以像操作Windows操作系统中的Word软件那样，通过操作界面中的图标或菜单选项来完成相应的任务。

Python语言的功能十分强大，使用Python自带的tkinter模块可以十分方便地创建图形化程序。本章将重点介绍如何基于tkinter模块开发Python图形化程序。

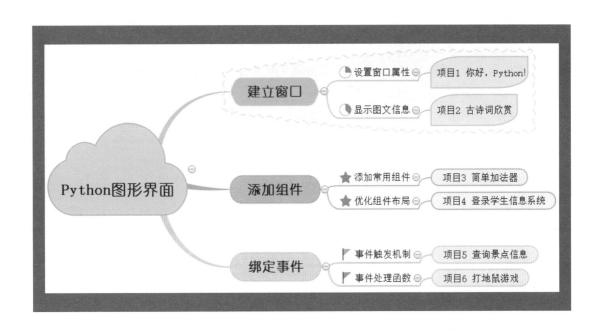

6.1　建立窗口

图形用户界面简称GUI，它是一种使用图形的方式来与程序进行交互的操作界面，用户操作起来更加直观简便。图形化程序一般包括窗口以及窗口中的按钮、菜单、文本框等组件，用户可通过单击按钮、输入字符等操作完成相应的任务。因此，建立窗口是设计图形化程序的第一步。

6.1.1　设置窗口属性

就像画画需要画布一样，所有的图形化程序也都需要先创建一个图形窗口，之后再利用tkinter模块中的函数来设置标题文字、修改窗口大小等。

◎项目1◎　你好，Python！

李明听说Python语言还可以用来设计图形化程序，他很感兴趣，于是花了两小时的时间编写了自己的第一个图形化程序，如右图所示。窗口的标题是"第一个图形化程序"，窗口的大小是300×200像素，单击窗口中的"点我"按钮，将显示欢迎语"你好，Python！"。请你也试着编写一个这样的图形化程序。

📍 项目规划

1. 理解题意

根据题意，需要为程序建立窗口，窗口的标题是"第一个图形化程序"。窗口的顶部区域用来显示文字，窗口中还有一个灰色的按钮，按钮上的文字是"点我"。你需要编写的这个图形化程序的功能如下：单击按钮"点我"后，显示指定的文字"你好，Python！"。

2. 问题思考

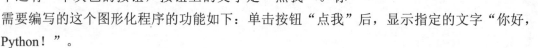

01　如何建立图形窗口并修改窗口的标题？

02　如何在窗口中设置一块区域以显示文字？

03　如何在窗口中添加按钮？

3. 知识准备

1) tkinter模块。

tkinter模块是Python的标准GUI模块，使用tkinter模块可以十分快速地设计图形化程序。因为tkinter模块内置在Python语言的安装包中，所以在安装好Python后，就可以像math模块一样直接导入tkinter模块，调用其中的函数，编写图形化程序以增强程序的交互功能。

2) 窗口属性的设置。

可通过调用tkinter模块中的tk()函数来创建主窗口root，root窗口和一般的程序窗口一样，也有基本的"最小化""最大化""关闭"按钮，我们同时还可以设置窗口的标题、背景颜色、大小等属性，常用函数如下表所示。

函数	功能说明
root.title('标题文本')	修改窗口的标题
root.resizaable(0,0)	圆括号中的两个参数都为0，这表示窗口不能改变大小
root.geometry('100x200')	指定窗口的大小为100×200像素
root.quit()	退出窗口
root.update()	刷新窗口

◉ 项目分析

1. 思路分析

○ **查一查**　请你查一查，使用什么函数可以为程序创建图形窗口？请将创建窗口的语句填写在下框中。

```
import tkinter as tk

root=                    # root 为新建窗口
```

○ **选一选**　在本例中，创建窗口后，还需要添加下列哪两个组件以实现程序的功能？

☐ Button	按钮	☐ Listbox	列表
☐ Canvas	画布	☐ Menu	菜单
☐ Frame	框架	☐ Label	标签

○ **选一选**　请在下框中选一选，本例需要修改按钮的哪些属性？

☐ text	按钮上的文字	☐ height	高度
☐ bg	背景颜色	☐ font	字体
☐ width	宽度	☐ image	显示的图片
☐ 其他属性 _____			

2. 算法分析

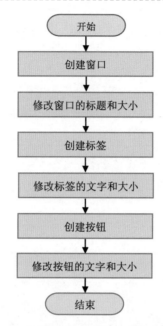

开始

创建窗口

修改窗口的标题和大小

创建标签

修改标签的文字和大小

创建按钮

修改按钮的文字和大小

结束

⊙ 项目实施

1. 编写程序

项目 1　你好，Python!

```
1  import tkinter as tk                                    # 导入 tkinter 模块
2
3  # 设置窗口
4  root = tk.Tk()                                          # 创建窗口
5  root.title('第一个图形化程序')                           # 修改窗口的标题
6  root.geometry('300x200')                                # 修改窗口的大小
7
8  # 设置标签
9  txt = tk.StringVar()                                    # 生成字符串变量
10 label = tk.Label(textvar=txt,width=30, height=3)        # 修改标签
11 label.pack()                                            # 将标签添加到窗口中
12
13 # 设置按钮
14 def onClick():                                          # 定义按钮的动作函数
15     txt.set('你好，Pyhon！')                            # 单击按钮时，使用标签显示指定的文字
16 button = tk.Button(text='点我', width=20, height=1,
17 command=onClick)                                        # 修改按钮的属性及反馈函数
18 button.pack()                                           # 将按钮添加到窗口中
19
20 root.mainloop()                                         # 进入消息循环
```

2. 测试程序

运行程序，运行结果如右图
所示。

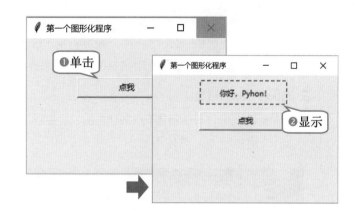

3. 答疑解惑

这个图形化程序很简单，从
中我们可以看出，图形化程序的
设计通常包括以下相同的步骤：

(1) 导入tkinter模块。

(2) 创建窗口并修改窗口属性。

(3) 添加交互组件并编写相应的函数。

(4) 调用主循环，显示窗口，等待用户触发事件并进行响应。

在上述程序中，第20行的root.mainloop()语句会将创建的按钮、标签等显示在窗口中，
进入tkinter等待状态，并随时准备响应用户发起的交互事件，如键盘输入、鼠标单击等。
需要注意的是，在显示窗口中的组件时，必须通过调用pack()函数对它们进行打包。如果
有mainloop()函数而没有pack()函数，那么只会显示一个空的窗口；如果有pack()函数而没有
mainloop()函数，那么屏幕上什么也不显示。

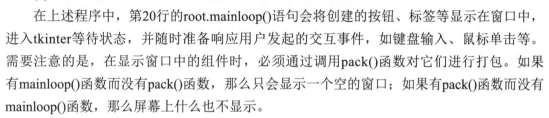

📍 项目支持

1. 常见的 GUI 库

Python语言需要通过GUI库来设计专业的GUI程序。目前比较常见的GUI库有以下
几个。

○ wxPython：wxPython是Python语言内置的开源图形库，通过wxPython可以很方便
地创建完整的、功能健全的图形用户界面。

○ Jython：Jython可以和Java无缝集成，从而使用Java模块进行GUI程序的设计。

○ PyQT：PyQT也是跨平台的、开源的GUI开发工具，作为有着丰富工具的代码库，
PyQT在很多行业中得到了广泛采用。

○ tkinter：tkinter是跨平台的GUI开发工具，可以运行在大多数的UNIX、Windows和
Mac系统中。

2. 窗口组件的布局管理器

在进行GUI程序的设计时，窗口中的各个组件应放在什么位置以及如何放置，这些都
需要通过专门的布局管理器来控制。tkinter模块提供了三种布局，分别是pack布局、grid布
局和place布局。

○ pack布局：在pack布局方式下，当向窗口中添加组件时，添加的第一个组件将位
于窗口中最上方的位置，然后依次在下方添加其他组件。

○ **grid布局**：又称网格布局，在这种布局方式下，矩形窗口将被划分为*m*行×*n*列的网格，然后就像Excel表格一样，根据行标和列号将组件放置于指定的网格中。

○ **place布局**：这种布局使用坐标来指定组件的放置位置。

3. import…as…语句

在Python语言中，import语句太长的话，就会导致程序在编写时十分不方便。为此，可以使用as语法简化输入，具体用法如下。

```
import tkinter as tk
root=tk.Tk();
# 在导入tkinter模块时，如果使用了as语法，那么后面就可以通过
# as后面的tk来访问tkinter模块中的函数。例如，root=tkinter.Tk()就可以简
# 写成root=tk.Tk()。
```

♀ 项目练习

1) 阅读并完善如下程序。请根据程序的运行结果将代码补充完整。

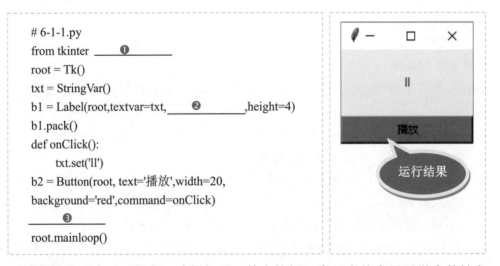

```
# 6-1-1.py
from tkinter ____❶____
root = Tk()
txt = StringVar()
b1 = Label(root,textvar=txt,____❷____,height=4)
b1.pack()
def onClick():
    txt.set('ll')
b2 = Button(root, text='播放',width=20,
background='red',command=onClick)
____❸____
root.mainloop()
```

运行结果

2) 请你设计一个GUI程序，功能如下：单击按钮，窗口中就会显示学生的姓名、性别、班级等个人信息。

6.1.2 显示图文信息

在Python语言中，使用tkinter模块还可以添加图片和文本，从而使程序看起来更加赏心悦目，并使用户界面更加友好。文本和图片可以使用前面所学的标签来显示。

◎项目2◎　古诗词欣赏

刘勰曾说过，"观千剑而后识器，操千曲而后晓声"。凡是好诗，必定会在人们的心中唤起对真、善、美的向往。如右图所示，请使用Python语言设计古诗词欣赏程序，让用户在欣赏美图的同时，品味古诗的魅力。

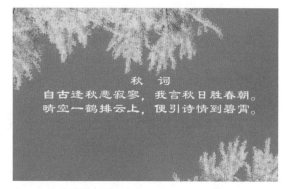

📍 项目规划

1. 理解题意

根据题意，这里将要鉴赏的古诗是唐朝诗人刘禹锡的《秋词》："自古逢秋悲寂寥，我言秋日胜春朝。晴空一鹤排云上，便引诗情到碧霄。"运行程序后，窗口中展现的是一幅秋景图片，图片的中央则显示了《秋词》这首古诗。

2. 问题思考

01　如何在窗口中显示图片？

02　如何在窗口的中央显示多行文字？

03　如何修改文字的格式，如颜色、大小等？

3. 知识准备

编写GUI程序时，可以利用标签来显示文字和图片，语法格式如下。

```
label=tkinter.Label(master,option=value,…)
# master表示放置标签的窗口
# option表示标签的属性，多个属性之间以逗号隔开
例如：
lb=tkinter.Label(root,text='Hello Python',bg='blue',width=30,height=2)
```

在上面的示例中，我们为标签设置了多个属性。其中，text为显示的文字，bg为背景，width为宽，height为高。此时，标签的背景为蓝色、宽30个字符、高两个字符。

◉ 项目分析

1. 思路分析

○ **搜一搜**　请从网络上搜索并下载一张关于秋天景色的图片，然后借助图片处理软件适当修改图片的大小。

○ **选一选**　为了在指定的位置显示标签文字，需要修改标签的哪些属性？

☐ text　　　标签上的文字　　　☐ height　　高度

☐ bg　　　　背景颜色　　　　　☐ font　　　字体

☐ width　　宽度　　　　　　　☐ image　　显示的图片

☐ fg　　　　文字颜色　　　　　☐ justify　　文本对齐方式

☐ 其他属性 _____

2. 算法分析

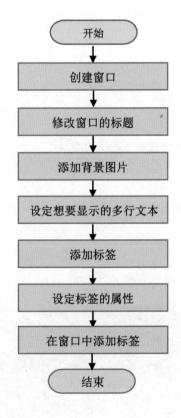

开始

创建窗口

修改窗口的标题

添加背景图片

设定想要显示的多行文本

添加标签

设定标签的属性

在窗口中添加标签

结束

项目实施

1. 编写程序

```
项目2　古诗词欣赏.py
 1  from tkinter import *                      # 导入 tkinter 模块
 2
 3  root = Tk()                                 # 新建窗口
 4  root.title('项目2 古诗词欣赏')               # 修改窗口的标题
 5  photo = PhotoImage(file='杏叶.gif')          # 添加背景图片
 6  str1 = ''' 秋词
 7    自古逢秋悲寂寥，我言秋日胜春朝。
 8    晴空一鹤排云上，便引诗情到碧霄。'''
 9  thelable = Label(root,                      # 创建标签
10              text =str1,                     # 为标签设定显示的文字
11              justify=CENTER,                 # 将文字居中对齐
12              image= photo,                   # 在标签中显示图片
13              compound=CENTER,                # 将文字在标签中居中对齐
14               font=('隶书',20),              # 设定字体和字号
15               fg='white')                    # 设定文字颜色
16  thelable.pack()                             # 将标签添加到窗口中
17  mainloop()                                  # 进入消息循环
```

2. 测试程序

运行程序，运行结果如下图所示。

3. 答疑解惑

观察上述程序的第5行代码，在添加图片时，注意图片和程序必须放在同一个文件夹中，这样程序在运行时才能正常显示图片，否则就需要指明图片的具体存放地址。另外，当通过调用PhotoImage()函数创建图像对象时，注意只支持.gif和.png格式，不支持.jpeg格式。

上述程序的第13行代码修改了标签的compound属性，当设置compound为CENTER时，表示文字显示在图片的上方。

项目支持

1. 标签属性

通过修改标签属性，可以控制文本或图片的字体、颜色、对齐方式等，常见的标签属

性如下表所示。

属　　性	描　　述
anchor	设置文本或图片在背景内容区域中的位置
bg	设置标签的背景颜色
font	设置字体
fg	设置前景色
width,height	设置标签的宽度和高度
image	设置标签图像
justify	设置对齐方式，比如LEFT、RIGHT、CENTER，默认为CENTER
padx/pady	设置x轴/y轴间距，以像素计，默认为1像素
text	设置文本，可以包含换行符\n

2. PhotoImage()函数

在tkinter模块中，GIF类型的图片可以通过PhotoImage()函数来调用，然后通过设置image属性，就可以将图片添加到标签或按钮等组件中，具体用法如下。

```
from tkinter import *
root = Tk()
photo=PhotoImage(file= 'qiutian.gif')        # 创建图片对象
Label(root, image=photo).pack()              # 将图片对象添加到标签中
root.mainloop()
```

项目练习

1) 阅读并完善如下程序。请根据程序的运行结果将代码补充完整。

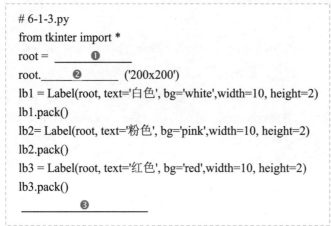

```
# 6-1-3.py
from tkinter import *
root = _____❶
root._____❷_____ ('200x200')
lb1 = Label(root, text='白色', bg='white',width=10, height=2)
lb1.pack()
lb2= Label(root, text='粉色', bg='pink',width=10, height=2)
lb2.pack()
lb3 = Label(root, text='红色', bg='red',width=10, height=2)
lb3.pack()
_____❸_____
```

运行结果

2) 请编写一个程序，运行后的程序界面如右图
所示：窗口的左侧显示了宣传语"保护环境　珍爱生
命"，右侧展示的是环保图片。

6.2   添加组件

图形化程序是由按钮、图片、文本框等多种部件组成的。tkinter模块提供了多种核心组
件，用于创建按钮、文本框等。在编写程序的过程中，一方面需要根据程序的要求，修改
组件的大小、颜色等属性，另一方面还需要设置组件在窗口中的放置位置。

6.2.1   添加常用组件

编写图形化程序时，可添加标签以显示提示性的文字或图像，添加文本框以接收或显
示用户输入的字符串，添加按钮以监听用户的行为……正是这些组件，让图形化程序变得
更具有交互性。

◎ 项目3 ◎   简单加法器

在学习了GUI编程后，王老师布
置了一项实训作业，要求编写一个用
于加法计算的图形化程序，如右图所
示。程序的功能如下：输入两个加
数，单击"计算"按钮后，"运算结果"一栏将显
示计算结果。你能试着编写一个这样的简单加法器
吗？

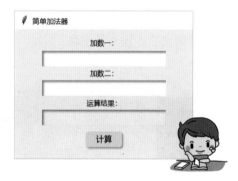

♀ 项目规划

1. 理解题意

观察右上图，这个简单加法器在运行后，窗口的标题为"简单加法器"，并且界面中
包括3个文本框和1个按钮。按照题意，依次输入两个加数后，单击"计算"按钮，即可在
"运算结果："下方的文本框中显示计算结果。

2. 问题思考

界面中的文本框、按钮等部件可使用什么组件来实现？

单击"计算"按钮后，如何将计算结果显示在文本框中？

3. 知识准备

1) 按钮组件Button。

在使用Python语言编写图形化程序时，可使用tkinter模块中的Button组件在窗口中添加按钮，语法格式如下。

```
button=tkinter.Button(master,option=value,…)
# master表示放置按钮的窗口
# option表示按钮组件的属性，多个属性之间以逗号隔开
例如：
bt=tkinter.Button(root,text= '退出',command=quit)
```

在上面的示例中，我们在root窗口中添加了一个名为bt的按钮，这个按钮上显示的文字是"退出"。当用户单击这个按钮时，系统就会调用tkinter模块中的退出函数quit()，从而退出程序。

2) 文本框组件Text

Text组件是tkinter模块中功能十分强大且灵活的一种组件，用于显示多行文本，同时还可以编辑文字、图片等信息。

○ 插入文本

```
text.insert(index,string)
# index 采用 x.y的形式，其中的x表示行，y表示列
例如：
text.insert(1.0,'Hello Python!')
#表示在第一行中插入文本 "Hello Python!"
```

○ 清空文本

```
text.delete(index, END)
# 从文本框中删除指定的数据，END表示最后一行
例如：
text.delete(1.0,END)
# 表示删除所有数据
```

○　获取文本

```
text.get(index1,index2)
# 获取文本框中两个指定位置(index1和index2)之间的数据
例如:
text.get(1.0,END)
# 表示获取文本框中的所有数据
```

◉ 项目分析

1. 思路分析

○　**填一填**　你了解tkinter模块都有哪些组件吗？在实现下图中的简单加法器时，可能需要用到哪些组件？请将组件的名称填写在相应的方框中。

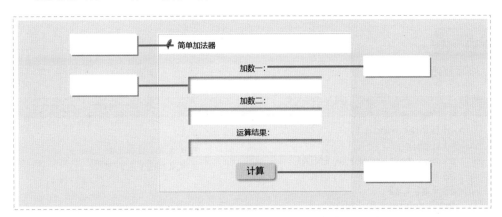

○　**说一说**　对于我们想要实现的简单加法器来说，单击"计算"按钮后，程序都需要执行哪些操作，请你说一说，并把想法写在下框中。

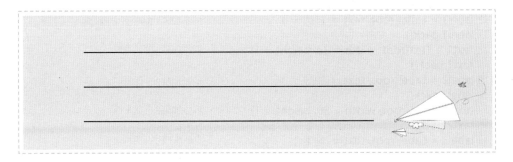

2. 算法分析

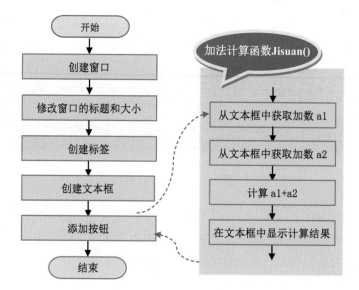

项目实施

1. 编写程序

项目 3　简单加法器.py

```
1  from tkinter import *
2  def Jisuan():                                        # 定义加法计算函数
3      a1 = int(text1.get('1.0', END))                  # 从文本框中取得加数
4      a2 = int(text2.get('1.0', END))
5      a3 = a1 + a2
6      text3.delete('1.0', END)                         # 清除文本框中原有的数据
7      text3.insert(INSERT, a3)                         # 在文本框中输入计算结果
8  root = Tk()
9  root.title('简单加法器')                              # 修改窗口的标题
10 root.geometry('300x170')                             # 修改窗口的大小
11 label1 = Label(root, text = '加数一:')               # 添加第1个标签
12 label1.pack()
13 text1 = Text(root, width = 30, height = 1)           # 添加第1个文本框
14 text1.pack()
15 label2 = Label(root, text = '加数二:')               # 添加第2个标签
16 label2.pack()
17 text2 = Text(root, width = 30, height = 1)           # 添加第2个文本框
18 text2.pack()
19 label3 = Label(root, text = '结果:')                 # 添加第3个标签
20 label3.pack()
21 text3 = Text(root, background='LightYellow',width = 30, height = 1  # 添加第3个文本框
22 text3.pack()
23 button1 = Button(root, text = '计算',command = Jisuan)  # 添加按钮
24 button1.pack()
25 mainloop()                                           # 进入消息循环
```

2. 测试程序

运行程序，输入15和37，单击"计算"按钮，查看运行结果，如下图所示。

3. 答疑解惑

观察上述程序的第7行，语句text3.insert(INSERT, a3)使用了INSERT标志，作为预定义的特殊标志，INSERT表示紧跟着光标后面的位置输出加法计算的结果a3。

另外，观察上述程序的第23行，我们在创建按钮时，同时设置了按钮的几个属性，比如按钮在root窗口中显示为"计算"，并且与第2行代码定义的Jisuan()函数有关联。当单击"计算"按钮时，系统就会调用Jisuan()函数，将两个加数相加，并将结果显示在文本框text3中。

♀ 项目支持

1. tkinter 模块中的常用组件

当利用tkinter模块进行GUI程序设计时，需要添加各种组件来实现交互功能，如标签、文本框、按钮等。tkinter模块中的常用组件如下表所示。

组　　　件	描　　　述
Button	按钮组件；显示按钮
Canvas	画布组件；显示图形元素，如线条或文本
Frame	框架组件；显示矩形区域，大多数情况下用来作为容器
Label	标签组件；显示文本或图片
Listbox	列表框组件；显示字符串列表
Menubutton	菜单按钮组件；显示菜单项
Menu	菜单组件；显示菜单栏、下拉菜单或弹出式菜单
Message	消息组件；显示多行文本，与Label组件比较类似
Text	文本组件；显示多行文本
Entry	文本组件；显示单行文本

2. 标准属性

所有的组件都有着几个共同的属性，如大小、字体、颜色等，具体描述如下表所示。

属　　性	描　　述
Dimension	组件大小
Color	组件颜色
Font	组件字体
Anchor	锚点
Relief	组件样式
Bitmap	位图
Cursor	光标

3. 标签属性

使用标签属性可以控制文本或图片的字体、颜色、对齐方式等。回顾一下，常见的标签属性如下表所示。

属　　性	描　　述
anchor	设置文本或图片在背景内容区域中的位置
bg	设置标签的背景颜色
font	设置字体
fg	设置前景色
width,height	设置标签的宽度和高度
image	设置标签图像
justify	设置对齐方式，比如LEFT、RIGHT、CENTER，默认为CENTER
padx/pady	设置x轴/y轴间距，以像素计，默认为1像素
text	设置文本，可以包含换行符\n

4. tkinter 模块中的颜色库

在Python中使用tkinter模块编写图形化程序时，可以直接使用tkinter模块中的颜色库，里面除了包含常见的黑、白、红、黄、蓝等颜色之外，还包含一些其他的颜色，如下图所示。以浅粉红为例，颜色代码是LightPink，FFB6C1是相应的十六进制形式的RGB值。在调用颜色时，既可以使用颜色的名称，也可以使用以#开头的十六进制数字。

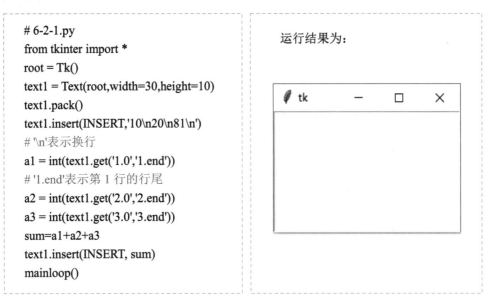

项目练习

1) 阅读如下程序，在窗口中写出运行结果，然后上机验证。

```
# 6-2-1.py
from tkinter import *
root = Tk()
text1 = Text(root,width=30,height=10)
text1.pack()
text1.insert(INSERT,'10\n20\n81\n')
# '\n'表示换行
a1 = int(text1.get('1.0','1.end'))
# '1.end'表示第 1 行的行尾
a2 = int(text1.get('2.0','2.end'))
a3 = int(text1.get('3.0','3.end'))
sum=a1+a2+a3
text1.insert(INSERT, sum)
mainloop()
```

运行结果为：

2) 编写一个图形化程序，运行后的界面如下图所示，要求在输入梯形的上底、下底和高之后，单击"计算"按钮，求出并显示梯形的面积。

6.2.2 优化组件布局

到目前为止，我们接触到的图形界面使用的都是pack布局方式，但这种布局方式有一定的局限性——组件都是按照自上而下的顺序排列的，相比而言，本节将要介绍的place布局方式能让你更加随心所欲，你可以通过设置组件的坐标值来确定组件的排列位置，从而优化不同组件在窗口中的布局。

◎项目4◎ 登录学生信息系统 ::

学校的学生信息系统需要使用专门的账号和密码登录后，才能进行查询。如果输入的账号和密码正确，就提示"登录成功"，否则提示"账号与密码不符，请重新登录！"。你能试着使用Python语言编写一个这样的系统登录界面吗？

♀ 项目规划

1. 理解题意

如上图所示，窗口的标题为"欢迎登录系统"，登录界面中有两个文本框和两个按钮，按照题意，输入用户名和密码后，单击"登录"按钮，系统就会根据输入的内容判断用户名和密码是否正确，并且给出提示消息。

2. 问题思考

01　登录界面中的文本框、按钮等组件如何布局？

02　单击"登录"按钮后，如何弹出消息框？

03　单击"退出"按钮后，应调用什么函数来退出程序？

3. 知识准备

1) 文本组件Entry。

tkinter模块中的Entry组件只能用于输入一行文本，如果输入的文本超出Entry组件的宽度，那么输入的内容将以滚动条的形式显示，语法格式如下。

```
v=tkinter.StringVar()                # 用于接收通过键盘输入的字符串
e=Entry(master,textvariable=v)       # master 为放置文本框的窗口
```

在调用Entry组件时，我们经常会通过textvariable参数将组件与StringVar()绑定，以便随时显示用户输入的字符串。

2) 消息框。

tkinter模块的messagebox子模块提供了多个函数用于生成各种消息框，如提示消息框、警告消息框、错误消息框等。

○　提示消息框

提示消息框使用的是showinfo()函数，语法格式为tkinter.messagebox.showinfo(title, message, icon= None, type= None)，参数title表示消息框的标题，message表示消息框中显示的文字信息，icon表示使用的图标，type表示使用的按钮，默认是"确定"按钮。语句messagebox.showinfo(title='提示', message='你允许此应用对你的设备进行更改吗？')的执行效果如下图所示。

○　警告消息框

警告消息框使用的是showwarning()函数，语句messagebox.showwarning(title='警告', message='请输入正确的日期格式2020-10-14')的执行效果如下图所示。

○　错误消息框

警告消息框使用的是showerror()函数，语句messagebox.showerror(title='错误', message='驱动程序安装错误，请检查设备是否已经连接')的执行效果如下图所示。

项目分析

1. 思路分析

○ **填一填**　学生信息系统的登录界面如下图所示，请将界面中各个对象对应的组件名称填写在方框中。

○ **试一试**　使用place布局方式时，需要通过坐标(x, y)来确定组件在窗口中的位置。place布局方式一般以窗口左上角的顶点为坐标原点(0,0)，根据右图中的坐标轴，请你估算一下各个组件的坐标。

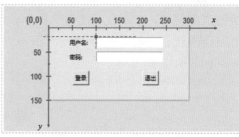

2. 算法分析

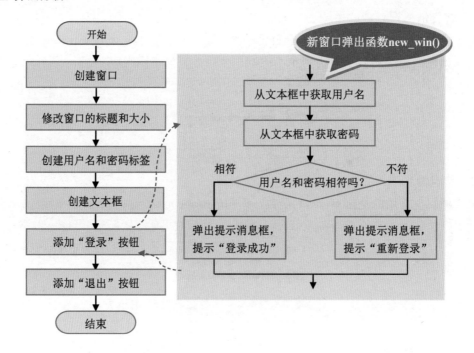

📍 项目实施

1. 编写程序

项目4　登录学生信息系统.py

```
1  from tkinter import *
2  import tkinter.messagebox          # 导入tkinter模块中的messagebox子模块
3
4  def new_win():                      # 定义新窗口弹出函数
5      name = entry_name.get()         # 从文本框中获取用户名
6      pwd = entry_pwd.get()           # 从文本框中获取密码
7      if (name == 'admin' and pwd == '123456'):  # 判断用户名和密码是否相符
8          tkinter.messagebox.showinfo(title='提示', message='登录成功！')
9      else:                           # 相符的话，弹出登录成功的消息
10         tkinter.messagebox.showerror(title='提示',
11         message='用户名与密码不符，请重新登录！')  # 否则弹出重新登录的消息
12 root = Tk()
13 root.title('欢迎登录系统')
14 root.geometry('300x150')            # 设置窗口大小
15 Label(root, text='用户名:').place(x=40, y=20)   # 添加用户名标签
16 Label(root, text='密码:').place(x=40, y=50)     # 添加密码标签
17 entry_name = Entry(root)            # 添加密码文本框
18 entry_name.place(x=100, y=20)       # 设置密码文本框的位置
19 entry_pwd = Entry(root, show='*')   # 将输入的密码显示为*
20 entry_pwd.place(x=100, y=50)
21 bt_login = Button(root, text='登录', command=new_win)
22 bt_login.place(x=50, y=90)          # 添加"登录"按钮，设置按钮位置
23 bt_logquit = Button(root, text='退出', command=quit)
24 bt_logquit.place(x=200, y=90)       # 添加"退出"按钮，设置按钮位置
25 root.mainloop()
```

2. 测试程序

第1次运行程序时，输入正确的用户名和密码，单击"登录"按钮后，结果如下图所示。

第2次运行程序时，输入错误的用户名和密码，单击"登录"按钮后，结果如下图所示。

3. 答疑解惑

观察上述程序中的第15行代码，语句Label(root, text='用户名:').place(x=40, y=20)的作用是在窗口中添加一个标签，上面显示的是用户名，同时使用绝对坐标将这个标签放置在窗口中指定的坐标位置。这条语句也可以改写成如下两条语句，作用是一样的。

```
lb=Label(root, text='用户名:')      # 添加一个标签
lb.place(x=40, y=20)              # 通过绝对坐标设置这个标签的位置
```

♀ 项目支持

1. place 布局方式

在place布局方式下，可根据组件在窗口中的绝对或相对位置参数进行布局，常用的布局参数如下表所示。

布局参数	功能说明
x、y	以窗口的左上角为原点(0,0)，设置组件在窗口中水平和垂直方向上的起始位置(水平向右以及垂直向下为正方向)
relx、rely	设置相对于窗口宽度和高度的比例，取值在0.0和1.0之间
height、width	设置组件本身的高度和宽度(单位为像素)
relheight、relwidth	设置组件相对于窗口的高度和宽度比例，取值在0.0和1.0之间

2. 消息框的分区

如下图所示，利用messagebox子模块提供的函数生成的各种消息框，大致可以分为图标区、提示区和按钮区三部分。

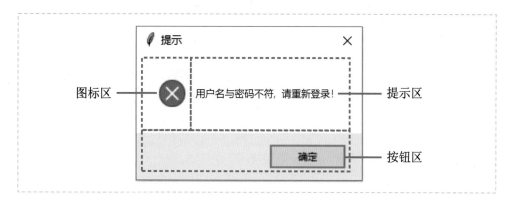

3. 消息框参数 icon

messagebox子模块提供的showinfo()、showwarning()、showerror()函数有着4个相同的参数：title、message、icon和type。一般情况下，只需要设置title和message两个参数即可。但有时，也可以通过icon和type两个参数来自定义消息框的图标及按钮。icon图标有4种，如下图所示。

4. 消息框参数 type

消息框的type参数默认为ok，表示"确定"按钮，除此之外，取值还可以是yesno(是、否)、okcancel(确定、取消)、retrycancel(重试、取消)、yesnocancel(是、否、取消)或abortretryignore(中止、重试、忽略)。参数值和对应的按钮如下表所示。

参数值	对应的按钮
ok	确定
yesno	是(Y) 否(N)
okcancel	确定 取消
retrycancel	重试(R) 取消
yesnocancel	是(Y) 否(N) 取消
abortretryignore	中止(A) 重试(R) 忽略(I)

项目练习

1) 完善如下程序。如下程序的功能是：通过键盘输入一个整数，判断这个整数能否被2和3同时整除、能否被2整除、能否被3整除以及是不是不能被2和3整除。请将代码补充完整，查看运行结果并上机验证。

```
# 6-2-5.py
from tkinter import *
import tkinter.messagebox
def Judge():
    a = int(_____❶_____)
    if_____❷_____:
        tkinter.messagebox.showinfo(title='提示', message='这个整数能被2和3同时整除')
    elif a%2==0:
        tkinter.messagebox.showinfo(title='提示', message='这个整数能被2整除')
    elif a%3==0:
        tkinter.messagebox.showinfo(title='提示', message='这个整数能被3整除')
    else :
        tkinter.messagebox.showinfo(title='提示', message='这个整数不能被2和3整除')
root = Tk()
root.title('布局练习 1')
root.geometry('300x150')
lb=Label(root, text='请输入一个整数，判断能否被2和3整除：')
lb.place(x=20, y=30)
e1 = Entry(root)
_____❸_____ (x=60, y=60)
b1= Button(root, text='判断',width=8, command=Judge)
b1.place(x=40, y=100)
Button(root, text='退出',width=8, command=quit).place(x=180, y=100)
root.mainloop()
```

2) 编写程序。请将本章项目3中的简单加法器改用place布局方式，得到的图形界面如下图所示。

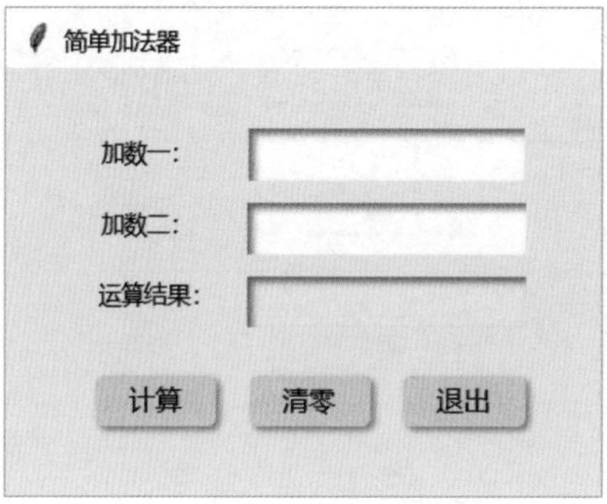

6.3　绑定事件

程序在运行时，时刻都在触发和接收各种事件，比如按下按钮、输入一段文字。当使用tkinter模块编写程序时，可以通过鼠标、键盘等操控图形化程序，以实现符合设定要求的各种操作。

6.3.1　事件触发机制

你已经学习了按钮组件，如单击"计算"按钮求两个加数的和，这就是通过按钮触发的求和事件。图形化程序还有一种较为常见的触发方式，即通过菜单命令触发相应的事件。

◎项目5◎　查询景点信息

为了理解利用菜单命令触发事件的过程，王明想要编写一个图形化程序，功能如下：单击菜单命令，既可以退出程序，也可以显示与北京天坛相关的图片和标题文字。你能试着帮他编写这个图形化程序吗？

📍 项目规划

1. 理解题意

根据题意，你需要设计两个下拉菜单。窗口的菜单栏中有File和Edit两个菜单。File菜单下设有Exit菜单命令，用来退出程序。Eidt菜单下设有Show Image和Show Text两个菜单命令：单击Show Image菜单命令，就会显示一张与北京天坛有关的图片；单击Show Text菜单命令，则显示"北京天坛"文字信息。

2. 问题思考

01　怎样在窗口中添加菜单以及相应的菜单命令？

02　如何通过单击菜单命令来显示图片和文字？

3. 知识准备

1) 创建顶层菜单。

通过使用tkinter模块中的菜单(Menu)组件，可以在图形界面中添加各种菜单，如顶层菜单、下拉菜单和弹出式菜单。创建顶层菜单时，需要首先创建一个菜单实例，然后使用add()方法将子菜单添加到菜单栏中，具体方法如下。

```
from tkinter import *
menubar = Menu(root)                      # 在root窗口中创建顶层菜单
filemenu = Menu(menubar, tearoff=0)      # 创建一个子菜单
menubar.add_cascade(label='文件', menu=filemenu)
# 将子菜单添加到菜单栏中
```

上述代码中的第3行使用Menu组件创建了一个子菜单，第1个参数表示在menubar顶层菜单中新建一个filemenu子菜单，第2个参数tearoff的值只能是0或1。tearoff默认为1，表示新建的菜单是独立的；当tearoff为0时，表示新建的菜单不是独立的，而是menubar顶层菜单的子菜单。顶层菜单的效果如下图所示。

2) 创建下拉菜单。

创建下拉菜单的方法和创建顶层菜单类似，区别在于——创建下拉菜单时需要使用add_command()方法将下拉选项添加到顶层菜单中，具体使用方法如下。

```
filemenu.add_command(label='打开', command=callback)
filemenu.add_command(label='保存', command=callback)
filemenu.add_separator()                      # 添加分隔线
filemenu.add_command(label='退出', command=root.quit)
```

使用add_command()方法添加的下拉选项的label属性用来指定菜单命令的名称，command属性用来指定当菜单命令被单击时的回调函数。下拉菜单的效果如下图所示。

项目分析

1. 思路分析

○　**填一填**　按照题目要求，请你梳理一下所有菜单，将各个菜单命令填写在下框中。

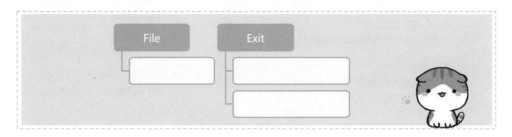

○　**查一查**　为了在窗口中显示一张与北京天坛有关的图片，我们需要PIL库的支持。请你查一查PIL库的安装方法，然后尝试安装。

2. 算法分析

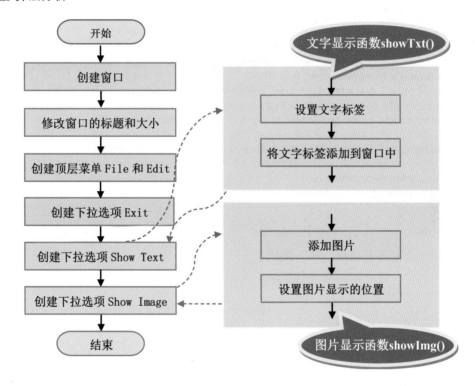

📍 项目实施

1. 编写程序

项目5　查询景点信息.py

```
1  from tkinter import *                                    # 导入 tkinter 模块
2  from PIL import Image, ImageTk                           # 导入 PIL 模块
3
4  root = Tk()
5  root .title('图片显示窗口')                               # 设置窗口标题
6  root .geometry('500x300')                                # 设置窗口大小
7  def showTxt():                                           # 定义文字显示函数
8      label = Label(root, text='北京天坛', font=('隶书', 20)) # 添加文字标签
9      label.pack()
10 def showImg():                                           # 定义图片显示函数
11     load = Image.open('beijing.jpg')                     # 指定想要显示的图片
12     render = ImageTk.PhotoImage(load)  # 使用PIL库中的PhotoImage()函数打开图片
13     img = Label(image=render)                            # 将PIL生成的图像赋给标签
14     img.image = render
15     img.place(x=110, y=40)                               # 设置图片在窗口中的位置
16 menubar = Menu(root)                                     # 生成菜单
17 filemenu = Menu(menubar, tearoff=0)                      # 生成第1个菜单选项
18 menubar.add_cascade(label='File', menu=filemenu)         # 设定第1个菜单选项为File
19 editmenu = Menu(menubar, tearoff=0)                      # 生成第2个菜单选项
20 menubar.add_cascade(label='Edit', menu=editmenu)         # 设定第2个菜单选项为Edit
21 filemenu.add_command(label='Exit', command=quit)         # 生成File菜单的下拉选项Exit
22 editmenu.add_command(label='Show Text', command=showTxt)
23 # 生成下拉选项Show Text，并设置回调函数为showTxt()
24 editmenu.add_command(label='Show Image', command=showImg)
25 # 生成下拉选项Show Image，并设置回调函数为showImg()
26 root.config(menu=menubar)
27 root.mainloop()
```

---

2. 测试程序

运行程序，查看运行结果，如下图所示。

3. 答疑解惑

上述程序在窗口中添加了两个主菜单：File和Edit。每个主菜单又有各自的子菜单。上

述程序中的第21行代码通过command属性为Exit子菜单绑定了quit()退出函数，当单击Exit菜单命令时，就会触发quit()函数并退出程序。第22行代码则通过command属性为Show Text子菜单绑定了自定义的文字显示函数showTxt()，当单击Show Text菜单命令时，就会触发showTxt()函数并在窗口中显示文字标签。

项目支持

1. PIL 图像处理标准库

PIL图像处理标准库(简称PIL库)作为Python语言的第三方库，支持多种图像格式，如JPEG、PNG、BMP、GIF、TIFF等，可以用来对图形图像执行裁切、平移、旋转、调整大小等操作。PIL库需要通过pip工具安装后才能正常使用。目前，PIL库最高支持到Python 2.7版本，对于Python 3，可从Python官方网站下载pillow库的压缩包，进入DOS命令行窗口，执行pip install pillow命令即可完成安装。根据功能的不同，PIL库又包括了多个与图片相关的模块，如Image、ImageTk、ImageColor等模块。

2. 事件绑定

图形化程序其实是一种事件导向的应用程序，用户可通过单击鼠标、进行键盘输入等执行不同的操作。所谓事件，其实也就是单击、按键等操作，事件绑定就是当事件发生时程序能够做出的响应，tkinter模块提供了丰富的方法来处理事件。

项目练习

1) 阅读并完善如下程序。请根据程序的运行结果将代码补充完整。

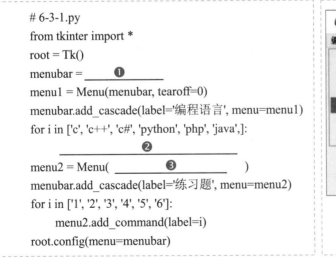

```
# 6-3-1.py
from tkinter import *
root = Tk()
menubar = _____ ❶
menu1 = Menu(menubar, tearoff=0)
menubar.add_cascade(label='编程语言', menu=menu1)
for i in ['c', 'c++', 'c#', 'python', 'php', 'java',]:
        _____ ❷
menu2 = Menu( _____ ❸        )
menubar.add_cascade(label='练习题', menu=menu2)
for i in ['1', '2', '3', '4', '5', '6']:
        menu2.add_command(label=i)
root.config(menu=menubar)
```

2) 请编写一个程序，功能如下：单击菜单命令"春""夏""秋""冬"后，分别显示4张不同季节的风景照。

6.3.2　事件处理函数

Python中的主要事件，包括键盘输入事件、鼠标单击事情、窗体事件等，都是通过事件处理函数来指定当事件被触发时程序如何做出响应。

◎项目6◎　打地鼠游戏

假设有9个洞口，一只地鼠随机地从一个洞口中伸出脑袋，这时候如果打到地鼠，就赢得游戏。你能不能编写一个程序来模拟这个游戏呢？

♀项目规划

1. 理解题意

根据题意，设计一个3×3的表格，其中的每一个格子代表一个地洞，用※代表洞口，用笑脸符号代表地鼠。笑脸符号随机出现在9个格子中，用户可以试着用鼠标单击笑脸符号，当鼠标移到笑脸符号所在区域时，笑脸符号会立即跳转到另一个区域。

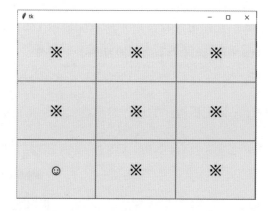

2. 问题思考

 在图形界面中如何实现3×3的表格布局？

 当使用鼠标单击笑脸符号时，如何实现笑脸符号的随机跳转？

3. 知识准备

1) 回调函数。

当事件发生时，系统就会调用函数以执行相应的操作。比如，单击"计算"按钮，系统就会调用求和函数，求两个整数a和b的和，此时调用的求和函数就是"回调函数"。"回调函数"其实和普通函数是一样的，区别仅在于，"回调函数"作为参数，只有当相应的事件发生时才会被调用。

2) bind()函数。

tkinter模块提供了两种方式来实现事件的绑定。一种是利用按钮、菜单等组件的command属性绑定事件。另一种是通过bind()函数为指定的组件绑定事件，具体用法如下。

```
组件对象的实例名.bind('<事件类型>'，回调函数 )
```

当事件发生时，系统就会调用回调函数来执行相应的操作。例如，如下代码使用bind()函数将坐标值打印函数printxy()与鼠标单击事件绑定在一起。

```
from tkinter import *
root = Tk()
def printxy(event):                        # 定义坐标值打印函数printxy()
    print('此时坐标值为: ', event.x, event.y)
root.bind("<Button-1>", printxy)           # 单击鼠标时，调用printxy()函数
root.mainloop()
```

◉ 项目分析

1. 思路分析

○ **查一查**　你还记得grid布局方式的使用方法吗？请你查一查相关资料，考虑一下，如何实现一个3×3的网格，请将你的想法写在下框中。

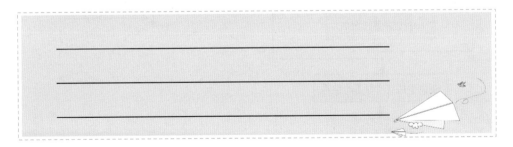

○ **写一写**　常见的鼠标操作事件类型如下所示，请查阅相关资料，将对应的含义写在横线上。

- ☐ <Button-1> _____
- ☐ <Button-2> _____
- ☐ <Button-3> _____
- ☐ <Enter> _____
- ☐ Leave _____
- ☐ ButtonRelease-1 _____
- ☐ ButtonRelease-2 _____
- ☐ ButtonRelease-3 _____

2. 算法分析

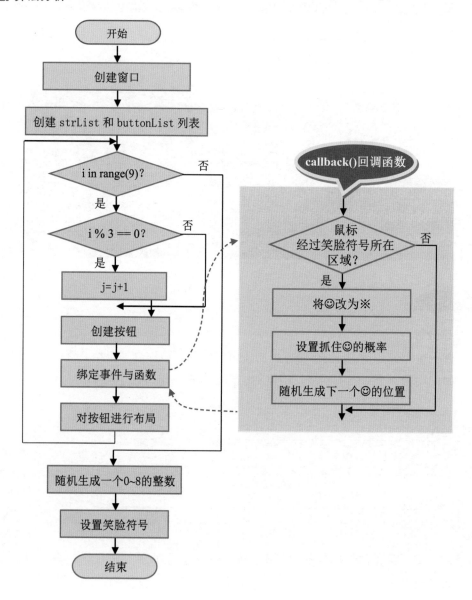

项目实施

1. 编写程序

项目 6 打地鼠游戏.py

```
 1 from tkinter import *
 2 import tkinter.messagebox          # 导入 messagebox 模块
 3 from random import *
 4 def callback(event):               # 定义回调函数
 5     global r                       # 定义 r 为全局变量
 6     if (event.widget == buttonList[r]):   # 当鼠标经过笑脸符号所在区域时
 7         a = r
 8         strList[r].set('※')         # 将字符列表中对应的字符由☺改为※
 9         catch = randint(0, 9)        # 随机生成一个 0~9 的整数
10         if catch < 2:                # 当这个整数小于 2 时，弹出消息"抓住了"
11             tkinter.messagebox.showinfo('祝贺', '抓住了！')
12         while (r == a):              # 当鼠标经过笑脸符号所在区域时
13             r = randint(0, 8)        # 生成一个新的与 a 不同的随机数
14         strList[r].set('☺')         # 修改字符列表中对应位置的字符为☺
15 root = Tk()
16 strList = []
17 buttonList = []
18 for i in range(9):
19     var = StringVar()
20     var.set('※')                               # 初始化按钮列表
21     strList.append(var)
22 j = -1
23 for i in range(9):
24     if (i % 3 == 0):            # 当 i 等于 3 时换行
25         j = j + 1              # j 为列号
26     b = Button(root, height=3, width=10, textvariable=strList[i], font=('Arial', 25))
27     b.bind('<Enter>', callback)   # 将鼠标事件与 callback() 函数绑定在一起
28     b.grid(row=j, column=i % 3)   # 使用 3 行 3 列的表格布局所有按钮
29     buttonList.append(b)          # 将所有按钮添加到按钮列表中
30 r = randint(0, 8)                 # 随机生成一个 0~8 的整数
31 strList[r].set('☺')               # 将字符列表中对应位置的字符改为☺
32 mainloop()
```

2. 测试程序

运行程序，查看运行结果，如下图所示。

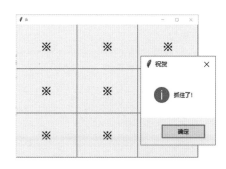

项目支持

1. 常见事件

tkinter模块中的事件处理函数可以绑定各种事件，如鼠标事件、键盘事件等。比较常见的鼠标事件及键盘事件如下表所示。

事　件	说　明
<Button-1>	鼠标单击事件，1为左键按下，2为右键按下，3为中键按下
<ButtonRelease-1>	鼠标释放事件，1为左键释放，2为右键释放，3为中键释放
<B1-Motion>	鼠标按下移动事件，1为左键，2为右键，3为中键
<Double-Button-1>	鼠标双击事件，1为左键，2为右键，3为中键
<Enter>	鼠标移入某一组件区域事件
<Leave>	鼠标移出某一组件区域事件
<Key>	键盘按下事件
<Return>	回车键键位绑定事件

2. 事件属性

事件对象都是独立的实例，它们有很多属性，常见的事件属性如下表所示。

事件属性	说　明
widget	触发事件的组件
x、y	事件被触发时鼠标的位置，单位为像素
x_root、y_root	鼠标相对于屏幕左上角的位置
char	获取按键字符，仅对键盘事件有效
num	鼠标按键类型，1为左键，2为右键，3为中键
width，height	组件改变后的大小
type	事件类型

📍 **项目练习**

1) 阅读并完善如下程序。请根据程序的运行结果将代码补充完整。

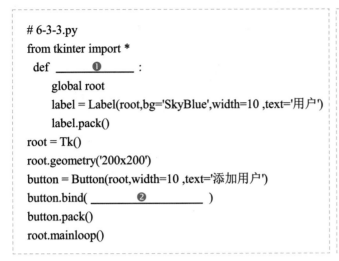

```
# 6-3-3.py
from tkinter import *
  def _____❶_____ :
      global root
      label = Label(root,bg='SkyBlue',width=10 ,text='用户')
      label.pack()
root = Tk()
root.geometry('200x200')
button = Button(root,width=10 ,text='添加用户')
button.bind( _____❷_____ )
button.pack()
root.mainloop()
```

运行结果

2) 请编写一个程序，实现随机点名的效果。

第7章

爬取网络数据

随着大数据时代的到来，互联网上的信息越来越丰富，互联网已经成为我们获取信息的重要来源。互联网上的各种信息，除了可以手动复制或下载之外，也可以通过Python编写程序，按照预定的规则自动批量获取，这就是网络爬虫。比如，百度搜索引擎的背后就是网络爬虫程序，这种程序就像蜘蛛一样，每天都会在海量的互联网信息中，沿着网络链接自动爬取各种信息。

本章将通过6个典型项目，由浅入深地介绍Python网络爬虫程序的基本工作原理，并学习如何编写网络爬虫程序。

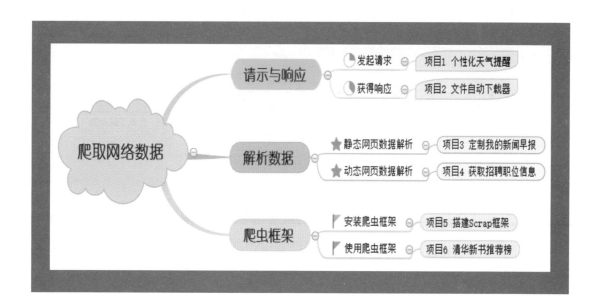

7.1 请求与响应

在日常生活中，我们经常会通过浏览器访问互联网，从而获取需要的信息。当用户单击某个链接时，浏览器会向目标网站的服务器发送HTTP请求，服务器会根据HTTP请求的内容做出响应，返回HTML页面，这就是我们浏览网页的过程。网络爬虫程序可以将这一过程自动化。

7.1.1 发起请求

在编写程序以自动地访问网站并获取数据之前，我们首先需要弄明白如何通过程序代码向网站服务器发送请求。

◎项目1◎ **个性化天气提醒** ::

李明同学独自一人在山东上大学，他时常挂念着自己远在合肥的父母。当天气变化时，他会发短信给父母，告诉他们及时增减衣物等。这小小的天气提醒，给父母送去的却是满满的温暖。在学习了Python程序设计之后，李明希望将这一过程自动化。为此，他决定编写一个Python程序，功能如下：自动从天气查询网站获取实时的天气信息，然后输出个性化的天气提醒。

📍 **项目规划**

1. 理解题意

根据题意，李明需要查询天气预报信息，从而自动生成个性化的天气提醒。下图对手动操作方式与Python编程方式做了比较。

2. 问题思考

01 怎样通过Python程序向指定的网站发送HTTP请求？ ⬢

02 目标网站能否成功返回响应？返回的数据如何获取？ ⬢

03 如何提取需要的信息并生成提醒短信？ ⬢

3. 知识准备

用户单击某个链接并打开一个新页面的过程看上去非常简单，但实际上，客户端与服务器之间经历了一次甚至多次HTTP请求与响应的过程。

1) HTTP请求与响应的过程。

用户在发送HTTP请求时通常有GET和POST两种方式：在GET方式下，可直接将参数放在地址的后面，因而比较简单；而在POST方式下，需要将参数放在data中，从而包含更多的内容，比如表单提交、文件上传等。服务器在接收到这些请求之后，会向客户端返回一个消息包，里面除了HTTP源码之外，还包含一个状态码，比如200表示访问成功、404表示访问的页面不存在，等等。

2) requests模块。

Python提供的requests模块专门用于发送HTTP请求并获得响应。下面的代码用于打开新浪网的首页并打印网页源码。

```
import requests
h = {'User-Agent':'Mozilla/5.0'}
r = requests.get('https://www.sina.com.cn',headers=h)
r.encoding='utf-8'
print(r.text)
```

项目分析

1. 思路分析

首先需要向天气查询网站发送HTTP请求，获得响应数据后，解析出需要的信息，然后编辑成个性化的提醒短信。

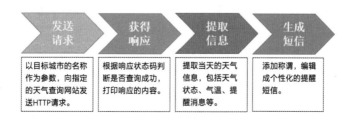

2. 算法设计

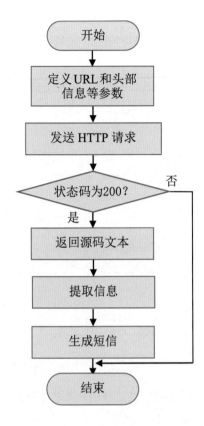

项目实施

1. 编写程序

项目 1 个性化天气提醒.py（主程序）

```
1  import requests                              # 导入 requests 模块
2  url='http://wthrcdn.etouch.cn/weather_mini?city=合肥'
3  rb=requests.get(url)                         # 发送HTTP请求
4  if rb.status_code==200:                      # 如果查询成功
5      txt=rb.json()                            # 就以JSON格式返回
6  send_txt="亲爱的爸妈：\n        {}现在气温{}℃，今天{}，{}\
7  ，{}，儿子提醒你们：{}".format(                  # 格式化短信的内容
8          txt['data']['city'],                 # 城市名称
9          txt['data']['wendu'],                # 当前气温
10         txt['data']['forecast'][0]['type'],  # 天气状态
11         txt['data']['forecast'][0]['high'],  # 今天最高温度
12         txt['data']['forecast'][0]['low'],   # 今天最低温度
13         txt['data']['ganmao'])               # 温馨的提醒信息
14 print(send_txt)                              # 输出短信内容
```

---

2. 测试程序

运行程序，查看运行结果，如下图所示。

> 亲爱的爸妈：
> 　　合肥现在气温25℃，今天多云，高温 29℃，低温 21℃，儿
> 子提醒你们：感冒低发期，天气舒适，请注意多吃蔬菜水果，多
> 喝水哦。
> \>\>\>

3. 优化程序

从运行结果看，效果还是不错的，已经能够满足项目的基本需求。李明同学希望将这个程序分享给同学。这就需要对程序进行改进，使查询的城市能够可变。为此，可在上述程序的第2行增加一条input语句，由用户指定想要查询的城市。

> 项目1　个性化天气提醒.py（主程序）

```
1  import requests
2  city=input('请输入城市名称：')              # 由用户输入城市名称
3  url='http://wthrcdn.etouch.cn/weather_mini?city='+city
```

♀ 项目支持

1. 提取数据

实际上，本例访问的是天气查询网站提供的接口，返回的则是JSON格式的数据。因此，程序中使用rb.json()得到的是字典类型的数据。为了从这些数据中提取出自己需要的信息，就需要搞清楚数据的层级关系。

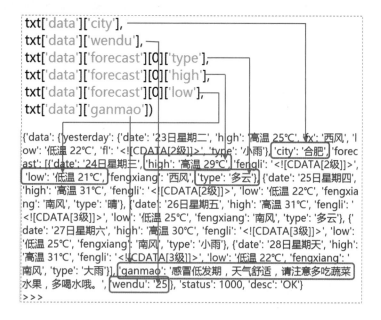

2. 请求的参数

有时候，直接使用requests.get(url)不一定能爬取到正确的网页内容。因此，我们往往需要添加一些参数，以实现更复杂的HTTP请求。

1) 添加请求头headers。

大多数网站会通过HTTP请求的头部信息来判断请求的类型，并拒绝网络爬虫程序访问。因此，我们需要添加请求头headers，从而伪装成浏览器的访问行为。如下代码通过User-Agent参数将访问伪装成了来自Windows系统的Chrome浏览器的请求。

```
import requests
headers={"content-type":"application/json","User-Agent":"Mozilla/5.0
(Windows NT 6.1; WOW64) AppleWebKit/537.36 (KHTML, like
Gecko) Chrome/78.0.3904.108 Safari/537.36"}
url="http://www.baidu.com/"
r = requests.get(url,headers=headers)
```

2) 超时设置。

由于网络、服务器等因素，从发送请求到得到响应会有一定的时间差。如果不想让程序等待过长时间或者不想延长等待时间，可以使用timeout参数。例如，语句r=requests.get(url,timeout=3)表示超过3秒后，就停止等待。

3) 使用IP代理。

如果来自某个IP的访问被服务器侦测到异常，访问就可能被屏蔽。在这种情况下，requests模块也有办法，就是添加IP代理proxies。互联网上有不少IP代理提供商，他们能为你提供大量的代理IP地址，并且有些是免费的。

```
import requests
proxies={"http":"http://10.10.1.10:3128", "http":"http://10.10.1.10:1080"}
url="http://www.baidu.com/"
r = requests.get(url,proxies=proxies)
```

📍 项目练习

1) 请填写如下HTTP请求参数的含义。

(1) url ＿＿＿＿＿＿＿

(2) proxies ＿＿＿＿＿＿＿

(3) Cookie ＿＿＿＿＿＿＿

(4) User-Agent ＿＿＿＿＿＿＿

2) 下列选项中不属于常见HTTP请求类型的是(　　)。

A. SET　　　　　　B. GET　　　　　　C. POST　　　　　　D. PUT

3) 阅读如下通用的网络爬虫代码框架，将代码补充完整。

```
import requests
r=requests.get(url)
r.encoding='utf-8'
if r. _____==200:
    print(r.text)
```

7.1.2　获得响应

发送HTTP请求后，获得的响应不一定是HTML页面，有时也会获得二进制数据流，保存获得的二进制数据流即可得到下载的文件。

◎项目2◎　文件自动下载器

李明和几个同学成立了一个学习小组，他们准备制作一份主题为"美丽中国"的多媒体作品，相关的图片、音频、视频等素材都来自网络，素材的名称及网址已经整理好了，现在需要将它们下载下来。

序号	提供者	素材名称	格式	网址	类别	来源
1	李明	片头音乐	MP3	http://sc.chinaz.com/yinxiao/190811518051.htm	音乐	站长素材
2	张小花	背景轻音乐	MP3	http://sc.chinaz.com/yinxiao/180810173462.htm	音乐	站长素材
3	李明	祖国大好河山背景音乐	MP3	http://sc.chinaz.com/yinxiao/180805561062.htm	音乐	站长素材
4	李明	陕西太白：花开引客来	JPG	http://www.xinhuanet.com/photo/2020-07/05/c_1126198303_3.htm	图片	新华网
5	程旭阳	鸟瞰珠峰	JPG	http://www.xinhuanet.com/photo/2020-05/15/c_1125990309_4.htm	图片	新华网
6	李小路	夏日古镇风光美	JPG	http://www.xinhuanet.com/photo/2020-06/22/c_1126146964_2.htm	图片	新华网
7	马东青	广西环江田园美	JPG	http://www.xinhuanet.com/photo/2020-05/26/c_1126033969_2.htm	图片	新华网
8	李明	CGTN中国城市宣传片	MP4	https://v.qq.com/x/page/z0936at6s4u.html	视频	腾讯视频
9	张强	大美中国之海南三亚	MP4	https://v.qq.com/x/page/d05057eqo9h.html	视频	腾讯视频
10	马东青	航拍桂林山水美	MP4	https://v.qq.com/x/page/t08439iqbdv.html	视频	腾讯视频

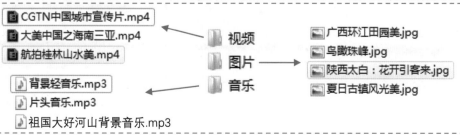

手动操作方式是：复制每个网址到浏览器中，然后下载并重命名文件，这种方式费时又费力。使用下载工具进行批量下载也是不错的选择，但李明同学尝试了之后还是放弃了，因为下载下来的文件名要么是乱码，要么是网站名，无法与素材名关联起来。你能像7.1.1节的个性化天气提醒那样，编写程序来自动完成素材的下载和重命名吗？

◎ 项目规划

1. 理解题意

李明同学分析了一下素材需求文档，包括素材名称、类别、格式、网址及来源等信息。音乐来自"站长素材"、图片来自"新华网"、视频来自"腾讯视频"，但素材需求文档中给出的网址并非最终下载地址。因此，我们需要分析页面结构，找到素材的下载地址并保存下来，然后使用素材需求文档中的素材名称对文件进行重命名。

2. 问题思考

01 怎样读取Excel文件中的素材名称和网址信息？

02 如何从目标网页中解析出真正的资源下载地址？

03 如何将获取的文件保存到指定的目录中？

3. 知识准备

1) 读取Excel数据。

在Python中，读取Excel数据的方法有多种。这里使用xlrd库，但在使用之前，需要先通过pip install xlrd命令安装一下，并使用import xlrd导入xlrd库。如下代码能够读取从FileList.xlsx文件的第3行开始的所有数据。

```python
files = xlrd.open_workbook('FileList.xlsx')      # 打开工作簿
flist = files.sheets()[0]                        # 打开工作表
nrows = flist.nrows                              # 获取总行数
for i in range(2,nrows):                         # 遍历所有数据行
    name,ftype,url=flist.row_values(i)[2:5]      # 将第2~5列存入变量中
    print('名称：',name,' 格式：',ftype,' 网址：',url)   # 输出读取的内容
```

2) 使用XPath定位网页中的元素。

素材需求文档中的网址并不是真正的素材资源下载地址,而是包含素材资源的网页。例如,素材需求文档中提供的针对"站长素材"网站的下载地址对应的源码如下。

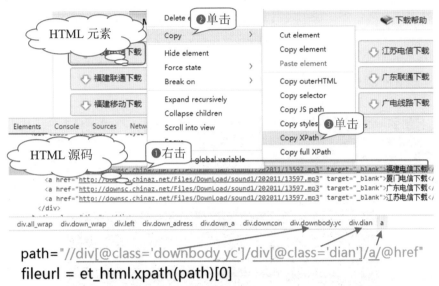

XPath是一种用于在XML文档中查找信息的语言,这种语言能够让你根据层级关系和标签属性方便地查找HTML源码中指定的元素,但在使用之前需要通过pip install lxml安装lxml库。

上面的图片展示了如何通过XPath指定查找路径:先找到class为downbody yc的div标签,再找到class为dian的div标签,最后找到下一级的a标签,取出href属性,即可得到MP3文件的资源下载地址列表,其中的第1项即为资源真正的下载地址。在浏览器中,可在HTML源码中右击元素的标签,从弹出的菜单中选择Copy→Copy XPath,从而找到上面的路径。

3) 图片和音乐文件的下载。

我们已经了解了如何使用requests模块向服务器发送请求,以及如何从返回的text属性中获得网页源码。通过使用content属性,即可获得HTTP响应内容的二进制形式。本例中的图片和音乐文件都可以使用这种方法进行下载。下面的代码实现了将URL对应的MP3文件下载到本地。

```
fileurl =http://downsc.chinaz.net/Files/DownLoad/sound1/201908/11842.mp3
r=requests.get(fileurl,headers=head)
with open('D:/素材/音乐/背景音乐.mp3','wb') as file:
    file.write(r.content)
```

4) 视频文件的下载。

视频文件较大，一般不采用r.content方式进行下载。另外，从网络上也很难直接找到存放在HTML页面中的视频地址。借助Python第三方库you-get，就可以方便地下载目前主流视频网站上的视频，但在使用之前，需要先通过pip install you-get命令安装一下，并使用import you-get导入you-get库。you-get库在使用时，只需要提供视频链接的地址即可，you-get库将以命令行形式运行。在Python代码中，可以使用os.system(cmd)来执行命令。下面的代码实现了将某网站上的视频下载到本地。

```python
url='https://v.qq.com/x/page/t08439iqbdv.html'    # 视频地址
cmd = 'you-get -o D:/素材/视频' + url               # -o用于指定保存路径
os.system(cmd)                                      # 执行命令行
```

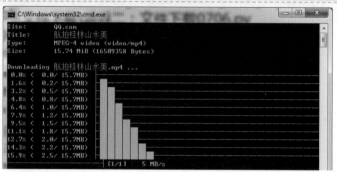

项目分析

1. 思路分析

本例需要分4步来完成：第1步，读取Excel文件以获得文件名、文件类型、网址等信息；第2步，向网址发送请求，获得HTML源码；第3步，从HTML源码中解析出下载链接；第4步，下载文件到本地对应的文件夹中，并对文件进行重命名。

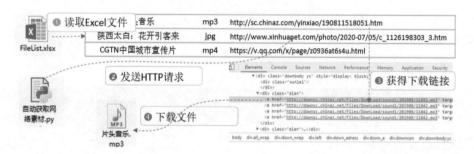

图片和音乐资源可以使用上面介绍的步骤来下载,视频资源直接使用you-get库下载即可。

2. 算法分析

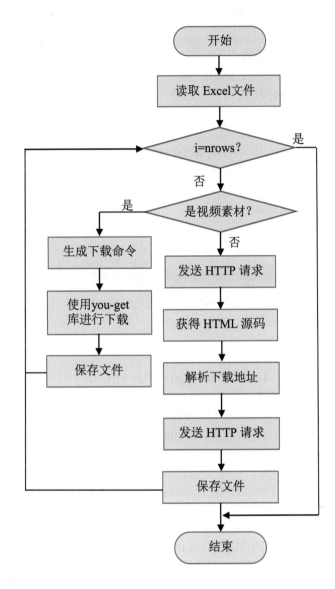

⚲ 项目实施

1. 编写程序

项目 2 文件自动下载器.py

```
1  import xlrd,requests,you_get,os                          # 导入必要的库
2  from lxml import etree
3  files = xlrd.open_workbook('FileList.xlsx')              # 打开 Excel 文件
4  flist = files.sheets()[0]                                # 打开第 1 张工作表
5  nrows = flist.nrows                                      # 得到总行数
6  for i in range(2,nrows):                                 # 遍历所有的行
7      name,ftype,url=flist.row_values(i)[2:5]              # 保存关键信息
8      if ftype=='mp4':                                     # 下载视频
9          cmd = 'you-get -o D:/素材/视频 ' + url
10         os.system(cmd)
11         continue                                         # 跳过后面的代码
12     head={'User-Agent':'Mozilla/5.0 (Windows NT 6.1; \
13 WOW64) AppleWebKit/537.36 (KHTML, like Gecko) \
14 Chrome/78.0.3904.108 Safari/537.36'}                     # 头部信息
15     html=requests.get(url,headers=head).text
16     et_html = etree.HTML(html)                           # 获得 HTML 源码
17     if ftype=='jpg':                                     # 下载图片
18         path="//span[@id='content']/p/img/@src"
19         fileurl = url[:42]+ et_html.xpath(path)[0]
20         fname='D:/素材/图片/'+name+'.jpg'
21         r=requests.get(fileurl,headers=head)             # 再次发送请求
22         with open(fname,'wb') as file:
23             file.write(r.content)                        # 保存文件
24     elif ftype=='mp3':                                   # 下载音乐文件
25         path="//div[@class='downbody yc']/div[@\
26 class='dian']/a/@href"
27         fileurl = et_html.xpath(path)[0]
28         fname='D:/素材/音乐/'+name+'.mp3'
29         r=requests.get(fileurl,headers=head)
30         with open(fname,'wb') as file:
31             file.write(r.content)
32     print(name+ '.'+ftype+' 下载成功！')                    # 提示下载成功
```

2. 测试程序

运行程序，程序将根据FileList.xlsx文件中的资源目录，向指定的网站发起请求、获取数据并下载文件。观察"D:\素材"文件夹，其中的"音乐""图片""视频"子文件夹中保存了已经下载的文件。程序的运行结果如下图所示。

片头音乐.mp3 下载成功！
背景轻音乐.mp3 下载成功！
祖国大好河山背景音乐.mp3 下载成功！
陕西太白：花开引客来.jpg 下载成功！
鸟瞰珠峰.jpg 下载成功！
夏日古镇风光美.jpg 下载成功！
广西环江田园美.jpg 下载成功！
CGTN中国城市宣传片.mp4 下载成功！
大美中国之海南三亚.mp4 下载成功！
航拍桂林山水美.mp4 下载成功！
> > >

📁 视频
📁 图片
📁 音乐

🖼 广西环江田园美.jpg
🖼 鸟瞰珠峰.jpg
🖼 陕西太白：花开引客来.jpg
🖼 夏日古镇风光美.jpg
🎬 CGTN中国城市宣传片.mp4
🎬 大美中国之海南三亚.mp4
🎬 航拍桂林山水美.mp4
🎵 背景轻音乐.mp3
🎵 片头音乐.mp3
🎵 祖国大好河山背景音乐.mp3

3. 答疑解惑

1) 程序中第6行的range(2,nrows)的含义。

因为Excel表格的前两行是标题，表示需要下载的素材文件，所以应从第3行开始读取。

2) 程序中第11行的continue的作用。

当ftype为mp4时，只需要调用you-get库直接获取文件即可，无须使用requests模块向目标网页发送请求，后面的代码可以不执行，直接跳转到下一次循环，获取下一个素材。

3) 程序中第19行的url[:42]的作用。

由于目标网站的URL路径使用的是相对路径，因此这里只提供了资源链接的后半部分，你需要从原来的URL中提取前42个字符并与之拼接起来，才能得到完整的资源链接。

原来的网址：`http://www.xinhuanet.com/photo/2020-07/05/`c_1126198303_2.htm

图片文件：`1126198303_15939317732801n.jpg`

fileurl = url[:42]+ et_html.xpath(path)[0]

资源链接：`http://www.xinhuanet.com/photo/2020-07/05/1126198303_15939317732801n.jpg`

4. 优化程序

程序已基本能够满足项目需求，但只能解析已知的几个资源。对于新的资源，需要分析网页结构，然后修改代码。可从以下两方面进一步优化程序。

1) 增加支持的网站数量，可通过URL来判断网站的类型，进而采取不同的方式进行解析。

2) 获取信息的异常处理方式；延长程序等待的时间；增加对文件保存目录的判断，防止因为目录不存在而报错，使程序的稳定性更好。

📍 项目练习

1) 从网络上获取与某个URL对应的图片或视频资源时，应采用response类的(　　)属性。

A. text　　　　　　B. head　　　　　　C. content　　　　　　D. status_code

2) 网络爬虫程序可以帮助我们完成很多与网络信息获取有关的任务，下列任务中，网络爬虫程序无法完成的是(　　)。

A. 持续关注某个人的微博或朋友圈，自动为新发布的内容点赞。

B. 分析学校选修课的在线选课系统，自动抢最热门的网络课程。

C. 爬取某同学计算机中的数据和文件。

D. 持续关注某公司网站，将最新公告提取出来。

3) xlrd库能够用于读取Excel文件中的数据，请根据注释补充对应的代码。

```
import _____                        # 导入xlrd库
x1 = xlrd._____("demo.xlsx")    # 打开Excel文件
print(x1._____())                 # 打印所有工作表的名称
print(x1._____)                   # 打印工作表的数量
st1 = x1._____("test")    # 通过工作表的名称查找工作表
print(st1.cell_value(_____,_____)   # 输出B4单元格中的数据
```

4) 分析某壁纸网站(如http://www.netbian.com/)，编写Python网络爬虫程序，将指定的壁纸下载到本地。

7.2　解析数据

随着网页设计技术的不断进步和互联网服务模式的升级，基于浏览器/服务器的交互模式也在不断创新，编写网络爬虫程序的大部分工作变成了解析网页的结构，然后从中找到需要的信息。

7.2.1　静态网页数据解析

静态网页数据比较容易解析，分析HTML页面即可，另外相关的技术手段也有很多，比如7.1节中使用的XPath以及这里即将使用的BeautifulSoup4，它们都是很好的静态页面解析工具库。

◎项目3◎　定制我的新闻早报

身处信息爆炸的时代，每天打开计算机或手机后，来自各大新闻网站的消息如潮水般涌来，让人不知所措。李明想要编写一个网络爬虫程序，功能如下：针对自己感兴趣的关键词，从感兴趣的网站上搜索相关新闻，生成个性化的新闻早报。

📍 项目规划

1. 理解题意

使用同一个关键词，搜索多家新闻网站，按一定的模式生成个性化的新闻早报，如下

图所示。

2. 问题思考

 如何根据关键词爬取不同新闻网站上的新闻？

 如何使用爬取到的新闻标题和链接生成个性化的新闻早报？

3. 知识准备

前面已经介绍了网络爬虫程序如何发送请求并获得响应结果，由于不同新闻网站的结构不同，而这里需要的仅仅是相关新闻的标题和链接，因此我们需要重点掌握信息提取方面的知识。BeautifulSoup4简称bs4，是专门用于提取网页信息的第三方库，这个库在使用之前需要通过pip install bs4安装一下。

1) BeautifulSoup解析器。

针对不同的页面结构，我们在解析时需要注明使用哪种解析器，同时还要注意是否安装了相应的解析器库，如下所示：

```
soup = BeautifulSoup('<html>data</html>' , 'html.parser')
```

解析器	使用方法	条件
bs4的HTML解析器	BeautifulSoup(mk,'html.parser')	pip install bs4
lxml的HTML解析器	BeautifulSoup(mk,'lxml')	pip install lxml
lxml的XML解析器	BeautifulSoup(mk,'xml')	pip install lxml
html5lib的HTML解析器	BeautifulSoup(mk,'html5lib')	pip install html5lib

2) 使用BeautifulSoup搜索标签。

BeautifulSoup可以通过HTML标签的名称、ID属性、类名等找到指定的标签，常用方法如下表所示。

方 法	说 明
find_all('a')	按标签查找，返回所有a标签
find_all(id='ad')	按属性查找，返回所有id为ad的标签
select('a')	标签选择器，选择所有的a标签
select('.css')	类名选择器，选择指定CSS的标签
select('#id')	id选择器，选择指定id的标签
select('a[class="css"]')	属性选择器，选择满足指定条件的标签
select('#div > p > a')	按顺序搜索指定的元素

♀ 项目分析

1. 思路分析

○ **试一试**　打开百度、网易等新闻网站，找到新闻搜索页面，尝试搜索某个关键词，观察关键词参数是如何传递的？

网易新闻搜索页面
https://search.sina.com.cn/?c=news&q=关键词

百度新闻搜索页面
https://www.baidu.com/s?&tn=news&word=关键词

○ **找一找**　在新闻搜索的结果页面上查看新闻列表，找出新闻标题的a标签，再找一找父标签，试着使用BeautifulSoup标签选择器定位它们。可在谷歌浏览器中按F12功能键，打开"开发者工具"，查看HTML代码。下图中的新闻标题对应的a标签，就可以使用soup.slecte('#content_left > div > div > h3 > a')来定位。

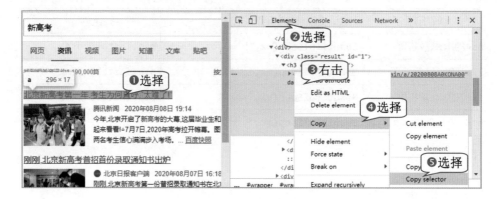

○ **做一做**　怎样将爬取到的结果排版成漂亮的新闻早报呢？可以事先使用网页设计工具制作HTML模板，对于需要变化的部分，比如日期、星期几、关键词、新闻内容等，使用固定的标签进行占位，以方便程序进行替换。

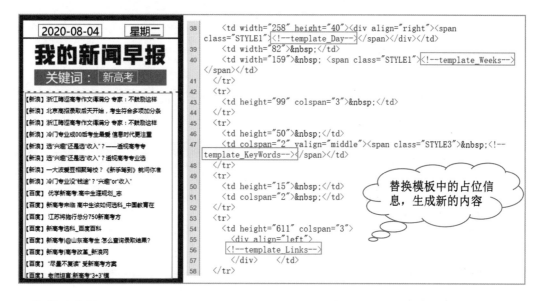

2. 算法分析

爬取不同的新闻搜索页面，使用得到的结果将已有模板中相应的日期、星期几、关键词和新闻内容部分替换掉，保存成HTML文件即可。

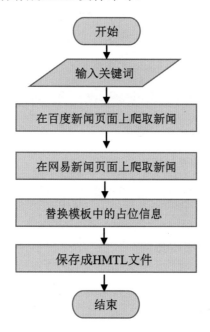

📍 **项目实施**

1. 编写程序

1) 爬取新浪新闻页面。

首先将需要的库都导入进来，包括用于发送请求的requests爬虫库、用于生成时间的datetime时间库以及用于解析网页数据的BeautifulSoup库。

将前面解析出来的新浪新闻页面的URL地址与用户输入的关键词拼接起来，使用requests发送请求，再使用bs4库进行解析，即可得到标题和链接。将标题和链接追加到一起，替换掉模板中相应的占位信息。

项目 3　定制我的新闻早报.py (一)

```
1  import requests                                          # 导入爬虫库
2  from datetime import datetime                            # 导入时间库
3  from bs4 import BeautifulSoup                            # 导入bs4数据解析库
4  s=input('输入你的关键词：')                               # 设置关键词
5  head={'User-Agent':'Mozilla/5.0 (Windows NT 6.1; WOW64) \
6  AppleWebKit/537.36 (KHTML, like Gecko) \                 # 头部信息
7  Chrome/78.0.3904.108 Safari/537.36'}
8  news=''                                                  # news 用来存储结果
9  url='https://search.sina.com.cn/?c=news&q='+s
10 res = requests.get(url,headers=head)                     # 发送请求
11 res.encoding = 'utf-8'                                   # 设置编码格式
12 soup = BeautifulSoup(res.text,'html.parser')            # 建立bs4 对象
13 for new in soup.select('#result > div > h2 > a')[:8]:   # 取前 8 条新闻
14     text,href=new.text[:20],new.get('href')             # 获取链接、标题等
15     news+="<a href='"+href+"'>【新浪】"+text+"</a>"
```

2) 爬取百度新闻页面。

过程与爬取新浪新闻页面类似，这里不再赘述。

项目 3　定制我的新闻早报.py (二)

```
16 url='https://www.baidu.com/s?&tn=news&word='+s
17 res=requests.get(url,headers=head)                       # 爬取百度新闻页面
18 res.encoding = 'utf-8'
19 soup = BeautifulSoup(res.text,'html.parser')
20 for new in soup.select('#content_left > div > div > h3 > a')[:8]:
21     text,href=new.text.replace('\n',''),new.get('href')[0]
22     news+="<a href='"+href+"'>【百度】"+text[:20]+"</a>"
23 week=('星期日','星期一','星期二','星期三','星期四','星期五','星期六',)
24 d=datetime.today().strftime('%Y-%m-%d  %u')
25 day,weeks=d[:-3],week[int(d[-1])]
26 with open('模板.html', 'r') as f:                         # 替换模板内容
27     tmp=f.read()
28     news=tmp.replace('<!--template_Links-->',news)
29     news=news.replace('<!--template_KeyWords-->',s)
30     news=news.replace('<!--template_Day-->',day)
31     news=news.replace('<!--template_Weeks-->',weeks)
32 with open('index.html', 'w') as f:                       # 生成HTML 文件
33     f.write(news)
```

2. 测试程序

运行程序，输入关键词"新高考"，程序运行结束后，将会生成index.html文件，打开后展示的便是个性化的新闻早报。

3. 优化程序

○ **构建随机headers**　程序多次运行后，可能会出现从部分新闻网站获取不到结果的情况，这是由于某些服务器有较强的反爬机制。可以构建随机headers，让每一次请求的头部都不相同。为此，需要安装fake_useragent模块，并引入其中的UserAgent子模块。

```
from fake_useragent import UserAgent      # 引入模块
ua = UserAgent()
headers={'User-Agent':ua.random}          # 生成随机headers
html=requests.get(url,headers=headers)    # 发送请求
```

○ **添加更多新闻**　使用相同的思路测试其他新闻网站，分析结果页面的层次结构并添加到程序中，即可实现更丰富的新闻早报。

📍 项目练习

1) 下列选项中，不属于BeautifulSoup解析器的是(　　)。

A. div　　　　　　B. html.parser　　　　　C. lxml　　　　　　　　D. html5lib

2) 观察以下代码中定义的soup对象，能够获得a标签的全部属性的选项是(　　)。

```
from bs4 import BeautifulSoup
soup = BeautifulSoup(demo, "html.parser")
```

A. soup.a.attrs　　B. soup.a.attrs[]　　C. soup.a[0].attrs　　D. soup.a.attrs[0]

3) BeautifulSoup库能够解析HTML网页，它是网络爬虫程序常用的数据提取工具之一。如下代码用于从HTML源码中提取所有的列表并打印出来，请根据注释将代码补充完整。

```
from _____ import BeautifulSoup      # 导入 BeautifulSoup库
soup = _____(html, 'html.parser')
li_all = soup._____('li')          # 查找所有的li标签
for obj in _____:                    # 打印找到的所有列表
    print(obj)
```

4) 编写一个Python网络爬虫程序，功能如下：访问某空气质量查询网站，获取指定城市的实时数据。

目标网址：http://pm25.in/。

输入样例：hefei。

输出样例：合肥的当前空气质量为一级(优)。

7.2.2 动态网页数据解析

动态网页能够通过与数据库进行少量的数据交换来实现异步更新，在不用刷新整个网页的情况下，更新网页的部分信息。网页的动态部分都是通过JavaScript加载进来的，因此通过HTML源码往往看不到。获取这类数据时，需要先分析数据加载过程，从而找到动态加载的数据包。

◎项目4◎ 获取招聘职位信息

又到了毕业季，一大批大学毕业生需要找工作。教育部大学生就业网(https://job.ncss.cn/)是权威的校园招聘信息发布平台，同学们经常访问该平台，选择自己感兴趣的行业，查看都有哪些岗位。你能否编写一个Python网络爬虫程序来自动获取职位信息，然后导出到Excel文件中，从而帮助同学们进行对比分析呢？

📍 项目规划

1. 理解题意

已知目标网站的网址，选择完行业、公司性质等信息后，目标网站就会显示出相关职位列表。运用前面所学的知识，可以分析职位列表的结构。接下来编写Python网络爬虫程序，将结果解析出来，保存到Excel文件中即可。

2. 问题思考

01　行业与公司性质等信息是如何通过参数传递到服务器的？

02　网页没有刷新，网址也没有发生变化，职位列表是如何更新的？

3. 知识准备

1) 动态网页的加载过程。

动态网页采用异步加载技术，当用户选择某些选项时，客户端便通过JavaScript将参数发送给服务器，服务器查询数据库后，将结果以JSON格式返回给客户端，客户端仅进行局部更新即可。

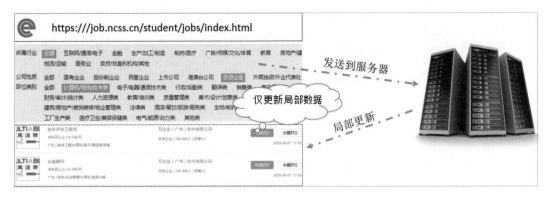

2) 异步数据的查找方法。

打开谷歌浏览器，按F12功能键，在出现的"开发者工具"界面中选择Network→XHR。然后在左侧的网页上执行选择操作，你会观察到右侧的Name栏中出现了许多文件，单击其中某个文件，Response栏中将显示更详细的内容，包含职位的部分即为异步加载的数据。在这里，异步请求的网址是https://job.ncss.cn/student/jobs/jobslist/ajax/?offset=1&limit=10。

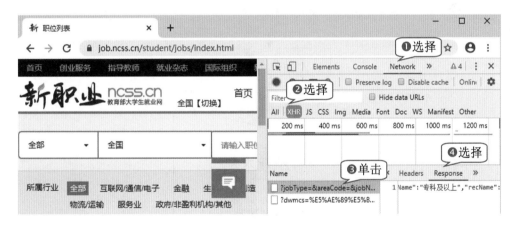

📍 **项目分析**

1. **思路分析**

○ **试一试**　首先利用之前所学的知识，直接向目标网址https://job.ncss.cn/发送请求，从获取的HTML代码中查找职位信息。虽然可以获取到很多HTML源码，但里面并不包含职位信息。

```
import requests              # 引入模块
url='https://job.ncss.cn/'   # 网址
r=requests.get(url)          # 发送GET请求
print(r.text)                # 打印获取结果
```

○ **猜一猜**　首先选择相关的职位，观察职位信息显示区域的变化。通过开发者工具，测试一下https://job.ncss.cn/student/jobs/jobslist/ajax/?后面的参数是什么意思？分别输入浏览器中，回车后看看会得到什么？

property：	公司性质	categoryCode：	职位类别
offset：	当前页码	limit：	每页数据条数

2. 项目流程

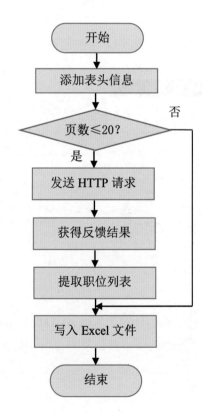

项目实施

1. 编写程序

```
项目 4　获取招聘职位信息.py
1  import requests
2  import re,json,xlwt,time                                    # 导入必要的库
3  c=[['标题','学历','公司','地点','专业','性质']]              # 添加表头
4  for i in range(1,21):                                       # 爬取页数
5      print('爬取第',i,'页：')
6      url='https://job.ncss.cn/student/jobs\                  # URL 地址
7  /jobslist/ajax/?offset='+str(i)+'&limit=10'                # 页码信息
8      r=requests.get(url,timeout=30)                          # 发送请求
9      r.encoding=r.apparent_encoding                          # 编码格式
10     s = json.loads(r.text)                                  # 获取 JSON 数据
11     for n in range(10):
12         cp=s['data']['list'][n]                             # 提取职位信息
13         c.append([cp['jobName'],cp['degreeName'],
14             cp['recName'],cp['areaCodeName'],
15             cp['major'],cp['recProperty']])                 # 保存职位信息
16 writebook = xlwt.Workbook()
17 test= writebook.add_sheet('职位信息')                       # 建立 Excel 工作表
18 for i in range(len(c)):                                     # 写入信息
19     for j in range(6):
20         test.write(i,j,c[i][j])                             # 按单元格写入
21 writebook.save('testdata.xls')                             # 保存文件
22 print('文件保存成功！')
```

2. 测试程序

运行程序，在输出"文件保存成功！"提示信息后，打开testdata.xls文件，即可查看爬取到的200条职位信息。

	A	B	C	D	E	F
1	标题	学历	公司	地点	专业	性质
2	项目助理	本科及以上	学信咨询服务有限公司	北京	心理学 教育学	国有企业
3	入境游外联岗	本科及以上	中国旅游集团有限公司	北京		国有企业
4	制剂研究员	本科及以上	博瑞生物医药（苏州）股份有限公司	江苏		股份制企业
5	【贝壳总部招聘o】储备店长/合伙人	专科及以上	四川成都贝壳闹海房地产经纪有限公司	四川		民营企业
6	【贝壳总部校园招聘o】实习生-高底	专科及以上	四川成都贝壳闹海房地产经纪有限公司	四川		民营企业
7	【贝壳链家校园招聘o】储备店经理	专科及以上	四川成都贝壳闹海房地产经纪有限公司	四川		民营企业
8	【总部招聘o】实习生/销售顾问-高	专科及以上	四川成都贝壳闹海房地产经纪有限公司	四川		民营企业
9	E销售顾问+5500薪资+高额提成+五	本科及以上	四川成都贝壳闹海房地产经纪有限公司	四川	市场营销 经济	民营企业
10	E销售顾问+5500薪资+高额提成+五	本科及以上	四川成都贝壳闹海房地产经纪有限公司	四川		民营企业
11	E【房地产销售顾问/5500薪资/高额	本科及以上	四川链家房地产经纪有限公司	四川	无	民营企业
12	注册专员	本科及以上	博瑞生物医药（苏州）股份有限公司	江苏		股份制企业
13	会计管培生	不限	广州天衡会计师事务所（普通合伙）	广东	会计	民营企业
14	运营专员	专科及以上	广州天衡会计师事务所（普通合伙）	广东		民营企业
15	行政助理	不限	广州天衡会计师事务所（普通合伙）	广东	人力资源	民营企业
16	项目见习	专科及以上	萍乡市新安工业有限责任公司	江西	工业与民用建筑	民营企业
17	销售经理	专科及以上	大恒基财富（北京）资产管理有限公司	北京	市场营销 金融	民营企业
18	会计审计实习生	本科及以上	广州天衡会计师事务所（普通合伙）	广东		民营企业
19	投资理财专员	不限	广州天衡会计师事务所（普通合伙）	广东	金融	民营企业
20	学而思广西柳州分校教师紧急招聘	本科及以上	广州学而思教育科技有限公司	广西	不限	民营企业
21	外贸业务员（应届生/储备）	本科及以上	广州豪进摩托车股份有限公司	广东	英语 商务英语	民营企业

3. 优化程序

上述程序已基本能够实现预定目标，但李明同学希望查找与自己的"计算机网络"专业有关的"上市公司"职位信息。另外，搜索结果中的第1页上往往都是广告，需要屏蔽掉。为此，可将上述程序的第4~7行修改成如下代码。

```
项目4    获取招聘职位信息B.py (部分)
4  for i in range(2,22):                              # 从第 2 页开始
5      print('爬取第',i,'页：')
6      url='https://job.ncss.cn/student/jobs\         # 在网址中加入参数
7  /jobslist/ajax/?categoryCode=01&\                  # 职位类别：01
8  property=%E4%B8%8A%E5%B8%82%E5%85%AC%E5%8F%B8\
9  &offset='+str(i)+'&limit=10'                       # 职位性质：上市公司
```

📍 **项目练习**

1) 下列选项中，不属于Python爬虫数据解析模块的是(　　)。

A. re　　　　　　　　B. XPath　　　　　　　C. Cookie　　　　　　　D. bs4

2) 关于Python网络爬虫程序获取动态网页数据的过程，下列说法中错误的是(　　)。

A. 动态数据是异步加载的数据。

B. 动态数据是浏览器直接从服务器中动态加载的数据，无法爬取。

C. 动态数据一般只是网页中的局部信息。

D. "抓包"工具可以帮助我们找到动态加载的数据包。

3) 动态网页一般以JSON格式加载数据，关于JSON数据与Python中的字典数据结构，下列说法中错误的是(　　)。

A. 从形式上看，使用的都是键值对形式。

B. 字典是一种数据结构，而JSON是一种符合固定格式的字符串。

C. json.loads()函数可以将字典格式转换成JSON格式。

D. json.dumps()函数可以将字符串转换成JSON格式。

4) "查询网"（网址为http://ip-api.com/json/）提供了IP地址查询功能，请使用Python编写一个发送请求的程序，功能如下：用户输入IP地址后，输出IP地址的归属地等相关信息。

7.3　爬虫框架

从前面的示例可以看出，网络爬虫程序有着很多相似之处，于是有人开发了一些专门用来辅助编写网络爬虫程序的程序库，只需要进行少量的修改和添加，就可以创建爬虫任务，这些程序库又称为爬虫框架。

7.3.1　安装爬虫框架

在Python中，开源的爬虫框架有很多，不需要全部掌握，它们基本上大同小异，都是围绕网页抓取、数据清洗、数据存储以及异步并发处理这几个方面设计而成。

◎项目5◎　搭建Scrap框架

"工欲善其事，必先利其器"。Scrapy功能强大、结构清晰，是一套比较成熟、快速、高层次的信息爬取框架。Scrapy可以高效地爬取Web页面，并从中提取结构化的数据。下面介绍如何搭建Scrapy框架，使你了解Scrapy的结构及工作原理。

 项目规划

1. 理解题意

由于Scrapy爬虫框架的安装和使用较为复杂，因此本项目的主要任务是搭建Scrapy框架，为后面的项目提供环境基础。

2. 问题思考

01　如何安装Scrapy框架？

02　如何在Scrapy框架中创建爬虫任务？

3. 知识准备

1) Scrapy爬虫框架的安装。

Scrapy是使用Twisted异步网络库来处理网络通信的，所以在安装Scrapy之前，需要首先安装Twisted库。在Windows系统中，按Win+R组合键，打开"运行"窗口。输入cmd，单击"确定"按钮，即可打开命令提示符窗口，输入以下命令，完成Twisted库的安装。

通常情况下，直接安装Twisted库会非常慢，建议使用如下命令指定镜像源并进行安装。

```
C:\Windows\system32\cmd.exe
Microsoft Windows [版本 10.0.10586]
(c) 2015 Microsoft Corporation。保留所有权利。

C:\Users\Administrator>pip install -i https://pypi.tuna.tsinghua.edu.cn/simple twisted
```

安装完Twisted库之后，即可使用同样的方法安装Scrapy库。

```
C:\Windows\system32\cmd.exe
Microsoft Windows [版本 10.0.10586]  ;
(c) 2015 Microsoft Corporation。保留所有权利。

C:\Users\Administrator>pip install scrapy
```

2) Scrapy框架的工作原理。

Scrapy框架主要包括引擎、调度器、下载器、存储器、爬虫5部分，这5部分需要协同工作才能完成信息爬取任务。

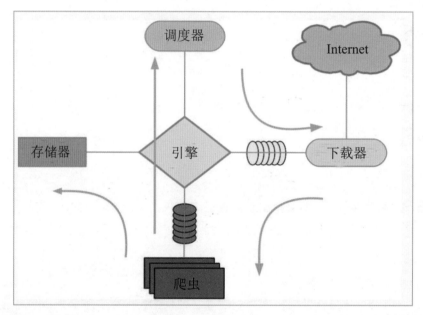

- ⭘ **引擎**：引擎是Scrapy框架的核心，负责处理整个系统的数据流并触发事务。
- ⭘ **调度器**：接收引擎发过来的请求，将网址加入下载队列。
- ⭘ **下载器**：负责根据调度器发来的网址，下载网页内容并将它们交付给爬虫。
- ⭘ **爬虫**：从下载器交付过来的网页内容中提取需要的信息，也可以提取下一个网址并交给调度器。
- ⭘ **存储器**：负责对爬虫解析出来的结果进行存储。

3) 使用Scrapy框架建立爬虫项目的步骤。

根据Scrapy框架的工作原理，使用Scrapy框架建立爬虫项目的步骤如下。

- ⭘ **新建项目**：在命令行中输入sccrapy startproject xxx以建立项目，在当前目录中生成项目文件夹和相关文件。

- ○　**明确目标**：在items.py中定义需要爬取的字段。
- ○　**制作爬虫**：在Spiders目录中创建爬虫文件，编写爬取逻辑，提取信息。
- ○　**存储内容**：在pipelines.py中编写数据存储规则，保存信息。

⚐ 项目实施

1. 创建爬虫项目

在使用Scrapy框架创建爬虫项目时，与之前编写网络爬虫程序不同，我们需要在命令行中运行以下命令，从而建立名为bestbook的Scrapy项目。

2. 创建爬虫任务

一个爬虫项目中可能包含多个爬虫任务，可以使用"scrapy genspider 爬虫名 域名"的形式来创建爬虫，爬虫将以文件形式保存在spiders文件夹中。

3. 配置爬虫项目

创建好爬虫项目后，Scrapy框架会在当前目录下创建一个以项目名称命名的文件夹，比如C:\Users\Administrator\bestbook，并在其中创建一些项目文件。

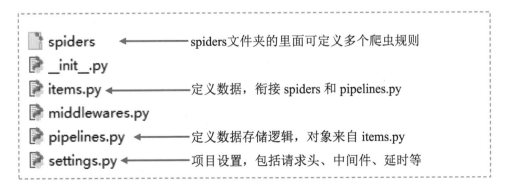

spiders ◄────── spiders文件夹的里面可定义多个爬虫规则
__init__.py
items.py ◄────── 定义数据，衔接 spiders 和 pipelines.py
middlewares.py
pipelines.py ◄────── 定义数据存储逻辑，对象来自 items.py
settings.py ◄────── 项目设置，包括请求头、中间件、延时等使用爬虫框架的优点在于：大量的基础代码都由爬虫框架提供，我们只需要修改一些关键信息即可。在这个项目中，我们需要修改的关键信息如下：在settings.py文件中配置爬虫的头部信息、指定pipelines方法等；在items.py中定义数据；在pipelines.py中定义数据存储逻辑；在spiders文件夹中创建具体的爬虫规则。

项目练习

1) Scrapy框架由一系列分工明确的组件构成。下列选项中不属于Scrapy核心组件的是（   ）。

A. 引擎　　　　　B. 调度器　　　　　C. 数据库　　　　　D. 下载器

2) 使用Scrapy框架创建爬虫项目后，系统会自动生成一系列文件。下列选项中不是Scrapy框架自动生成的是(   )。

A. items.py　　　B. spiders.py　　　C. settings.py　　　D. pipelines.py

3) 理解Scrapy框架中各个组件的功能，有助于我们更好地使用爬虫框架。下列说法中不正确的是(   )。

A. 一个爬虫项目只能编写一个爬虫任务。

B. items.py中定义的数据类型并不是字典类型。

C. 如果需要将数据保存到数据库中，那么可在pipelines.py中加以实现。

D. 下载中间件可以自定义下载功能。

4) 如下命令用于在Windows命令行中创建Scrapy项目并定义爬虫任务，请将代码补充完整。

```
# 建立名为 news 的爬虫项目
C:\Users>sccrapy _____ news
# 定义名为newslist的爬虫任务
C:\Users>scrapy _____ newslist baidu.com
```

7.3.2　使用爬虫框架

在使用Scrapy框架创建一个爬虫项目之后，我们得到了一个文件夹和若干文件。下面修改这些文件以完成具体的爬虫任务。

◎项目6◎　清华新书推荐榜

清华大学出版社是专业的出版发行机构，每年都会出版大量的优秀图书，计算机专业的学生通常都会关注清华大学出版社又有哪些新书出版。清华大学出版社也会在自己的官网上发布新书热销榜。我们能否建立一个爬虫框架，爬取清华大学出版社官网上所有的热销新书并编制新书推荐榜单呢？

项目规划

1. 理解题意

已知目标网站的网址，只需要分析网页结构并爬取网站数据即可。

2. 问题思考

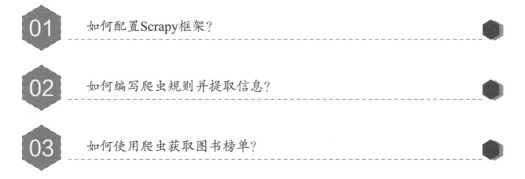

01　如何配置Scrapy框架？

02　如何编写爬虫规则并提取信息？

03　如何使用爬虫获取图书榜单？

项目分析

1. 思路分析

○　**试一试**　打开清华大学出版社新书推荐页面的网址：http://www.tup.tsinghua.edu.cn/booksCenter/new_books_hot_sale.html。获取网页的所有内容，发现图书信息不在里面。这说明新书推荐页面中的图书信息是以动态方式加载的。

○　**找一找**　按F12功能键，打开"开发者工具"。在书名上右击，从弹出的菜单中选择"查看元素"命令，找到书名所在的HTML标签，按下图所示进行操作，找到与书名对应的XPath路径。Scrapy框架内置了XPath解析器，通过对路径进行分析，便可以了解所需图书的书名、作者、价格等信息分别位于哪些元素中。

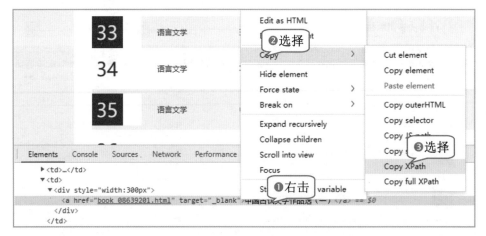

○ **猜一猜** 从网页中可以看出，榜单共有10页，页面链接有什么规律吗？通过测试可以发现，可在URL的后面加上page=*n*来得到第*n*页的网址。例如，http://www.tup.tsinghua.edu.cn/bookscenter/new_books_hot_sale.html?page=2就是第2页的网址。

2. 算法分析

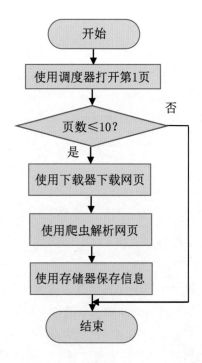

📍 项目实施

1. 配置爬虫项目

打开之前创建的book文件夹中的setting.py文件，你会发现其中的大部分代码都被注释掉了，注释的内容有配置代码、配置说明等。这里只需要配置Item Pipeline和请求头即可，找到以下代码，将注释去掉，其他不做任何修改。

```
项目 6    清华新书推荐榜：settings.py
42  DEFAULT_REQUEST_HEADERS = {                              # 定义头部信息
43    'Accept': 'text/html,application/xhtml+xml,application/xml;q=0.9,*/*;q=0.8',
44    'Accept-Language': 'en',
45  }

67  ITEM_PIPELINES = {                                       # 定义数据管道信息
68      'bestbook.pipelines.BestbookPipeline': 300,
69  }
```

2. 定义数据项

打开items.py文件，里面已经有内容了——一些由Scrapy生成的代码，我们只需要在此基础上定义所需图书的书名、作者、价格信息即可。

```
项目 6    清华新书推荐榜：items.py
1  import scrapy                              # 导入Scrapy框架
2  class BestbookItem(scrapy.Item):           # 定义数据项
3    tilte = scrapy.Field()                   # 书名
4    writer = scrapy.Field()                  # 作者
5    price = scrapy.Field()                   # 价格
```

3. 定义数据存储方法

打开pipelines.py文件，Scrapy已经生成了部分代码。其中：__init__方法会在爬虫开始工作时执行，因此，可将打开文件的操作放在这里；process_item()方法会在每爬完一页并返回一组数据后执行，因此，可将处理一页数据的写入操作放在这里；close_spider()方法会在爬虫结束工作时执行，因此，可将关闭文件的操作放在这里。本项目将把爬取结果保存到项目文件夹下的booklist.csv文件中。

```
项目 6    清华新书推荐榜：pipelines.py
1   import csv                                          # 导入csv库，用于存储数据
2   class BestbookPipeline(object):                     # 导入items.py中定义的数据项
3     def __init__(self):                               # 在爬虫开始工作时执行
4       self.f = open('booklist.csv',"a", newline='',encoding='gbk')
5       self.file=csv.writer(self.f)                    # 打开文件
6       self.file.writerow(["书名","作者","价格"])        # 写入一行表头
7     def process_item(self, item, spider):             # 处理每一页数据
8       for i in range(len(item['title'])):             # 写入文件
9         self.file.writerow([item['title'][i],item['writer'][i],item['price'][i]])
10      return item
11    def close_spider(self, spider):                   # 在爬虫结束工作时执行
12      self.f.close()
```

4. 编写爬虫规则

spiders文件夹专门用来存放爬虫规则，可在已有的__init__.py文件中编写具体的爬虫规则。但在实际开发中，有可能需要多个爬虫规则，所以建议为每一个爬虫规则建立一个文

件，以方便维护和管理。我们之前已经通过scrapy genspider booklist www.tup.tsinghua.edu.cn
命令创建了爬虫文件booklist.py，修改其中的内容，如下所示。

项目6　清华新书推荐榜：booklist.py

```
1  import scrapy                                                      # 导入Scrapy框架
2  from bestbook.items import BestbookItem                           # 导入items.py中定义的数据项
3  class BooklistSpider(scrapy.Spider):                              # 导入Spider类
4      name = 'booklist'                                            # 爬虫名称（唯一）
5      allowed_domains = ['www.tup.tsinghua.edu.cn']                # 域名
6      start_urls = ['http://www.tup.tsinghua.edu.cn/booksCenter/\  # 初始化URL列表
7  new_books_hot_sale.html?page={}'.format(number) for number in range(1,11)]
8      def parse(self, response):                                   # 处理请求
9          res=response.xpath('//*[@id="table1"]')                  # 解析出表格区域
10         for line in res:                                         # 遍历每一行
11             item=BestbookItem()                                  # 创建items对象
12             item['title']=response.xpath('.//tr/td[3]/div/a/text()').extract()
13             item['writer']=response.xpath('.//tr/td[4]/div/text()').extract()
14             p=response.xpath('.//tr/td[5]/text()').extract()     # 取出数据
15             item['price']=''.join(p).split()
16             yield item                                           # 将数据推送给管道进行处理
```

在booklist.py中，第4行的name不能为空，这是爬虫程序运行时的入口。如果有多个爬虫规则，那么它们的name不能重复；第5行的allowed_domains用于设置允许访问的域名，如果为空，则不受任何限制；第6和7行用于生成第1~10页的地址列表，爬虫程序将逐一爬取其中的每一个链接地址；第8~15行是爬虫规则的主体部分，用于指定具体的数据提取规则。本项目主要提取书名titler、作者writer以及价格price三个字段的信息，然后保存到item中；第16行用于返回获取到的每本图书的相关信息，由pipelines.py负责处理和保存。

5. 测试程序

使用cmd命令打开命令提示符窗口，输入C:\Users\Administrator\book>scrapy crawl booklist后回车，即可启动爬虫。其中，booklist是爬虫名称，定义在booklist.py中。程序运行结束后，就会在当前目录下生成booklist.csv文件。从中可以看出，我们成功提取了100本图书的相关信息，从而生成了一张简单的榜单。

```
C:\Users\Administrator\bestbook>scrapy crawl booklist
```

书名	作者	价格
2021新高考数学真题全刷：基础	朱昊鲲	79
经济学原理　微观部分（第6版）	[美] N. 格雷戈	68
大学生职业生涯规划与就业指导	杨炜苗	46
Photoshop 2020中文版从入门到	敬伟	89.8
城乡规划实务	经纬注考（北京	45
重企强国	卢纯	88
教导：伍登教练是怎样带队伍的	【美】约翰·伍	69.8
大共享时代	戈峻、郭宇宽	48
教育政策法规与教师职业道德（第	付世秋、徐文、	69

📍 项目练习

1) Scrapy框架中默认的数据解析器是(　　　)。

A. re B. XPath C. bs4 D. CSS

2) 编写好Scrapy爬虫程序后，可直接在命令中行执行爬虫程序。对于命令scrapy crawl movie -o data.csv，下列解释中错误的是(　　　)。

A. 爬虫的名称是movie。

B. 项目中一定有movie.py文件。

C. 爬取结果将被保存到data.csv文件中。

D. 爬虫的名称不一定是movie。

3) 关于Scrapy框架自动生成的爬虫文件，下列说法中错误的是(　　　)。

```
import scrapy
class Spider(scrapy.Spider):
    name = "Spider"
    allowed_domain = ["xxx.com"]
    start_urls = ["http://xxx.com/xxx/xxx"]
    def parse(self, response):
        pass
```

A. allowed_domain是允许爬取的域名，不在此域名范围内的链接将无法爬取。

B. start_urls是爬虫打开的第一个链接，因此里面只能有一个链接。

C. allowed_domain和start_urls的内容可以相同。

D. 爬虫的名称是Spider，这个名称不能重复。

4) 对于如下定义在管道中的方法来说，一般把关闭文件的操作放在哪个方法中？(　　　)

A. __init__(self) B. process_item(self,item,spider)

C. close_ spider(self, spider) D. parse(self, response)

5) 使用Scrapy框架编写一个爬虫程序，功能如下：爬取百度贴吧中指定主题的内容，将帖子的标题、作者、评论数等信息保存到文本文件中。

第8章

提高办公效率

日常办公中经常涉及文件整理、表格处理、收发邮件等事项。我们经常会因为寻找一份存档的文件、统计一批表格数据，抑或为了等待重要的回复邮件而反复检查邮箱，耗费大量的时间。Python可以帮助我们处理一些事务，节约时间，提高工作效率。

本章将通过6个项目，由浅入深地介绍Python在自动化办公方面的案例，并引导你深入学习Python语言，从而解决实际工作中的难题，提高办公效率。

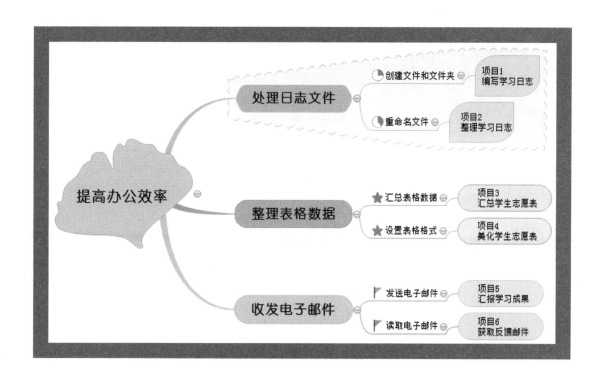

8.1 处理日志文件

在使用计算机进行日常办公时，经常需要新建、复制、移动、删除、重命名文件或文件夹。当需要批量操作较多文件或文件夹时，使用Python程序代替手操作后，明显更加省时省力，并且极大提高了办公效率。

8.1.1 创建文件和文件夹

利用Python编写的程序在日常办公中有着广泛的应用前景。例如，可以让创建文件和文件夹等操作瞬间完成，效率奇高。

◎项目1◎ 编写学习日志

刘明在学习Python的过程中，将每天的学习内容和心得记录了下来，从而便于以后复习查询。但每一次写日记时，都需要打开"记事本"程序，编写完日志后，再一步一步按规定保存日志。在学习了Python编辑之后，刘明想利用Python程序来编写学习日志，他应该怎么做呢？

♀ 项目规划

1. 理解题意

创建文件夹和文件，在Python程序中编写学习日志，并将每一天的学习日志以规定的文件名保存到计算机中。

2. 问题思考

01   编写日志与新建文件能同时进行吗？

02   文件的保存位置是程序所在的文件夹吗？

03   创建文件夹和创建文件需要运行两个程序吗？

3. 知识准备

使用with…as…语句访问文件或文件夹，不管在使用过程中是否发生异常，都请执行必要的"清理"操作以释放资源，比如让文件在使用后自动关闭等。

```
with context as var :
    执行语句
```

context通常是表达式，返回的是对象；var变量用来保存context返回的对象，可以是单个值或元组。

📍 项目分析

1. 思路分析

创建文件夹和文件，将日志内容添加并保存到文件中，运行程序并将结果输出。

2. 算法分析

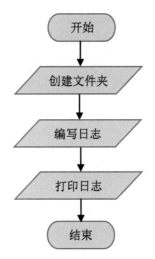

📍 项目实施

1. 编写程序

项目1　编写学习日志.py

```
1  import os                                    # 导入os 模块
2  b=os.getcwd()
3  os.mkdir(b+'\\Python学习记录')                # 创建文件夹
4  with open('.\Python学习记录\8月1日学习内容.txt', 'w',
5        encoding='utf-8') as f:                 # 创建文件
6      text = '8月1日，学习了如何使用Pyhon创建文件及文件夹……'
7      f.write(text)                             # 写入文件
8      print(text)
```

2. 测试程序

运行程序后，系统将自动创建文件和文件夹，并将日志内容按规定的文件名保存到指定的文件夹中，下图展示了连续5天的日志编写结果。

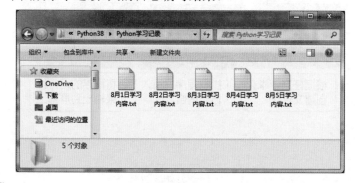

3. 答疑解惑

上述程序首先导入了os模块，然后使用os.mkdir()函数创建文件夹。这里的操作虽然是打开文件，但是当没有发现目标文件时，程序会自动创建这个文件。

📍 项目支持

1. os 模块的使用

os模块是Python标准库，其中包含很多函数，主要用于路径操作、进程管理、环境参数设置等。部分函数及功能描述如下表所示。

函　　数	功能描述
os.chdir(path)	修改当前程序操作的路径
os.getcwd()	返回程序的当前路径
os.getlogin()	获得当前系统登录用户名
os.urandom(n)	获得n字节长度的随机字符串，通常用于加解密运算

2. os.mkdir()函数的使用方法

Python中的os.mkdir()函数用于新建文件夹，语法格式为：os.mkdir(path[,mode])。其中，path是要创建的文件夹，mode则是要为文件夹设置的权限模式。

📍 **项目练习**

1) 想一想，下列程序是否能够执行，请上机验证。

```
1  import os
2  b=os.getcwd()
3  os.mkdir(b+'d:\\C++学习')
4  with open('d:\\C++学习\\8月1日学习内容.txt', 'w',
5      encoding='utf-8') as f:
6      text = '8月1日，学习C++第1章内容……'
7      f.write(text)
8      print(text)
```

2) 试一试，编写程序，将今天的学习日志记录到文件中。

8.1.2　重命名文件

当需要批量重命名文件时，手动操作起来将十分费时费力。但是，利用Python程序批量重命名文件，简单快捷，眨眼间即可完成任务，速度让人叹为观止。

◎**项目2**◎　**整理学习日志**　∷∷∷∷∷∷∷∷∷∷∷∷∷∷∷∷∷∷∷∷∷∷∷∷∷∷∷∷∷∷∷∷∷

刘明的Python学习日志越记越多，为了便于查找和区分，他决定对日志文件进行重命名。日志文件太多了，逐个重命名的话太过于烦琐。于是，刘明便想使用Python程序来批量重命名文件。请根据刘明的要求，设计相关的Python程序。

📍 项目规划

1. 理解题意

随着学习内容的增多，原先以日期命名学习日志的方式存在如下问题：无法通过文件名区分文件的内容。本项目要求运用Python程序，对日志文件进行批量移动并重命名，同时减少操作步骤、节约时间、提高办公效率。

2. 问题思考

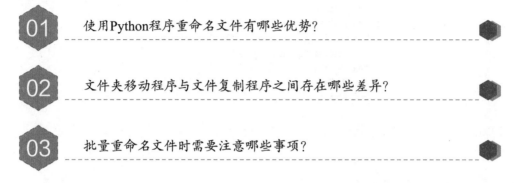

01 使用Python程序重命名文件有哪些优势？

02 文件夹移动程序与文件复制程序之间存在哪些差异？

03 批量重命名文件时需要注意哪些事项？

3. 知识准备

Python中的for in是一种循环结构，通常用于遍历字符串、列表、元组、字典等。

```
for x in y:
        循环体
```

在遍历完y中的所有元素之后，for in循环将自动结束。

📍 项目分析

1. 思路分析

为了移动文件夹并对文件夹中的所有文件进行重命名，可以先移动文件夹，从而将文件夹以及文件夹中的所有文件移到指定的位置，再对文件夹中的所有文件使用for in循环进行重命名。

新建文件夹 → 移动文件夹 → 重命名文件

根据任务要求，创建文件夹　　将文件夹移到指定的位置　　对文件夹中的所有文件进行重命名

2. 算法分析

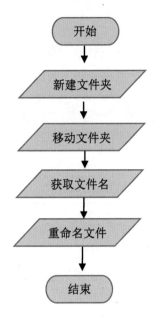

开始 → 新建文件夹 → 移动文件夹 → 获取文件名 → 重命名文件 → 结束

📍 项目实施

1. 编写程序

项目 2　整理学习日志.py

```
1  import os                                              # 导入模块
2  import shutil
3  if not os.path.exists('d:/学习日志'):                   # 创建文件夹
4      os.mkdir('d:/学习日志')
5  shutil.move('Python学习记录','d:/学习日志/')             # 移动文件夹
6  path = 'd:/学习日志/Python学习记录/'
7  filename_list = os.listdir(path)
8  a = 0
9  for i in filename_list:                                # 批量修改文件名
10     used_name=path + filename_list[a]
11     new_name = path + 'Python学习之' + filename_list[a]
12     os.rename(used_name,new_name)
13     a +=1
```

2. 答疑解惑

上述程序首先导入os和shutil模块，然后将文件夹移到指定的位置，接下来将文件夹中所有文件的名称存储到filename_list中，最后通过for in循环批量更新文件的名称。

项目支持

1. shutil 模块的使用

shutil模块是功能强大的Python操作文件包，复制、粘贴、移动、删除等操作都离不开shutil模块，其中的部分常用函数及功能描述如下表所示。

函　　数	功能描述
shutil.copy()	复制文件
shutil.retree()	删除文件
shutil.move()	移动文件

2. os.rename()函数的使用

os.rename()函数用于重命名文件或文件夹，语法格式如下：os.rename(src,dst)。其中，src用于指定想要重命名的文件或文件夹，dst用于指定重命名后的文件或文件夹。

项目练习

1) 试一试，将某个文件夹中的文件复制到指定的文件夹中，看看能不能独立完成程序的编写。然后尝试修改程序，确保程序能正确运行。

2) 请运用所学的Python知识，对文件夹中的文件进行重命名。

8.2　整理表格数据

使用Excel处理表格数据有着独特的魅力，但是，当表格较多时，表格数据的处理将变得费时费力。运用Python程序，可以实现打开Excel文件并处理表格中的数据，使烦琐的工作变得简单、便捷。

8.2.1　汇总表格数据

当遇到数量众多的数据表格需要汇总时，再简单的工作也会因为数量的增多而变得繁重。运用Python程序，可以快速对Excel表格进行处理，再多的数据表格也能轻松完成汇总。

◎项目3◎　汇总学生志愿表

某班级同学都将自己填报的志愿做成Excel文档发给了班主任，班主任需要将所有同学填写的志愿表合并到一张表格中。因班级人数众多，班主任深感头疼，统计这些数据将占用他大量的时间，请你为班主任想想办法，使用Python程序帮助班主任完成上述工作。

项目规划

1. 理解题意

根据上面的描述，我们需要编写程序，逐一打开学生填写的志愿表，复制表格中有用的信息，然后粘贴到新的表格中并保存。

2. 问题思考

01 如何通过命令打开Excel表格？

02 如何查找需要的数据？

03 如何将复制的数据粘贴到新的表格中？

3. 知识准备

在Python中，为了实现Excel表格的读取、添加与存储，需要另行安装模块，这里需要安装numpy、xlrd和xlwt模块。因此，你需要掌握numpy、xlrd和xlwt模块的用法，同时还需要掌握打开与保存Excel表格方面的基础知识。

```
import numpy          # 导入 numpy 模块
import xlrd           # 导入 xlrd 模块
import xlwt           # 导入 xlwt 模块
<主程序>
```

📍 **项目分析**

1. 思路分析

根据项目要求，使用程序将指定文件夹中的Excel表格逐一打开，找到指定单元格中的数据，将这些数据复制下来，然后粘贴到新的Excel表格中，粘贴的数据将以追加的形式添加到原有数据的后面，以确保不会覆盖前面的数据。

2. 算法分析

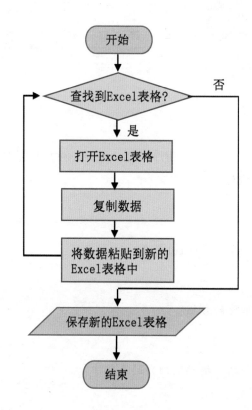

📍 **项目实施**

1. 编写程序

使用Python编写程序，查找指定文件夹中的所有Excel表格，对数据进行汇总并写入新的Excel表格中，最后保存即可。

项目 3 汇总学生志愿表.py

```
1  import xlwt                              # 将数据写入新的Excel表格
2  filename=xlwt.Workbook()
3  sheet=filename.add_sheet("sheet1")
4  for i in range(0,len(biaotou)):
5      sheet.write(0,i,biaotou[i])          # 将表头写上
6  zh=1
7  for i in range(ge):                       # 计算一共写了多少行
8      for j in range(len(matrix[i])):
9          for k in range(len(matrix[i][j])):
10             sheet.write(zh,k,matrix[i][j][k])
11         zh=zh+1
12 print("已经将%d个文件合并成1个文件，并命名为%s.xls。  ?"%(ge,file))
13 filename.save(filedestination+file+".xls")
```

2. 测试程序

运行程序，查看运行结果，如下图所示。

```
默认文件夹中有36个文件              # 显示发现的文件数量
已经将36个文件合并成1个文件，并命名为学生志愿汇总表.xls。    # 处理结果
>>>
```

3. 答疑解惑

可首先使用numpy模块读取默认文件夹中的所有文件并存入数组列表，然后使用xlrd模块将所有文件中的数据读取到三维列表中，最后使用xlwt模块将数据写入新的Excel表格。

📍 项目支持

1. NumPy

NumPy是Python中的一种科学计算库，可用来存储和处理大型数据。NumPy支持大量的数据运算，同时还提供了大量的数学函数库，相关的数据属性及说明如下表所示。

数据属性	说　　明
ndarray.ndim	轴或维度的数量
ndarray.shape	数组的维度
ndarray.size	数组元素的总数
ndarray.dtype	ndarray 对象的元素类型
ndarray.itemsize	ndarray 对象中每个元素的大小，以字节为单位
ndarray.flags	ndarray 对象的内存信息
ndarray.real	ndarray元素的实部

（续表）

数据属性	说　　明
ndarray.imag	ndarray 元素的虚部
ndarray.data	包含实际数组元素的缓冲区

2. xlrd

xlrd是Python中用于读取Excel表格的扩展工具，但是只能读取，不能写入。如果需要写入，那么还需要加载xlwt模块，以实现对指定表单或单元格的写入。

3. xlwt

xlwt是Python中用于写入Excel表格的扩展工具，相应的xlrd扩展包被专门用于Excel表格的读取。

◉ 项目练习

1) 如果Excel表格是Excel 97-2003格式的文档，那么Excel表格中的数据是否也能汇总？想一想，请上机验证。

2) 试一试，编写程序，合并文件夹内所有Excel表格中的数据。

8.2.2 设置表格格式

Excel表格的默认格式不够美观，通过美化表格，可以增强表格的观赏性。运用Python程序，可以在不打开表格的前提下，对表格的行、列、单元格进行格式设置，这在处理众多的表格美化设置任务时，具有独特的优势。

◎项目4◎　美化学生志愿表

在对学生填报的志愿表进行汇总后，表格使用的是默认格式，表头内容也不够醒目。请设计Python程序，快速设置并美化表格。

◉ 项目规划

1. 理解题意

运用Python程序，对需要美化的Excel表格进行行、列、单元格方面的格式设置。完成设置后，对文件进行保存。

2. 问题思考

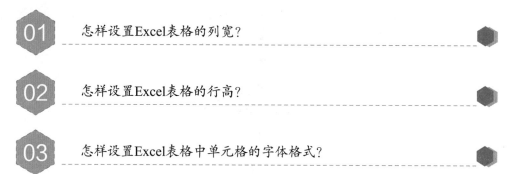

01　怎样设置Excel表格的列宽？

02　怎样设置Excel表格的行高？

03　怎样设置Excel表格中单元格的字体格式？

3. 知识准备

在Python中，为了实现Excel表格的读取、添加与存储，需要另行安装模块。这里需要安装font模块。因此，你需要掌握font模块的用法，同时还需要掌握打开与保存Excel表格方面的基础知识。

```
pygame.font.init()          #初始化font模块
pygame.font.font            #通过字体文件创建font对象
<主程序>
pygame.font.quit()          #退出font模块
```

◉ 项目分析

1. 思路分析

根据项目要求，需要对Excel表格的行高与列宽进行设置，并对表格中部分单元格的字体进行设置，进而美化表格。

2. 算法分析

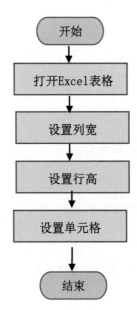

1. 编写程序

1) 导入模块。

使用Python编写程序，查找指定文件夹中的Excel表格，导入font模块并打开表格，程序如下：

```
项目4  美化学生志愿表.py（一）
1  from openpyxl.styles import font        # 导入 font 模块
2  from openpyxl import load_workbook
3
4  workbook = load_workbook(filename='学生志愿汇总表（无格式）.xlsx')
5  sheet=workbook.active                    # 打开表格
```

2) 调整行高和列宽。

根据表格内容的需要，设置表格的列宽和行高，程序如下：

```
项目4  美化学生志愿表.py（二）
 6  sheet.column_dimensions['A'].width = 7      # 设置列宽
 7  sheet.column_dimensions['B'].width = 12
 8  sheet.column_dimensions['C'].width = 12
 9  sheet.column_dimensions['D'].width = 12
10  sheet.column_dimensions['E'].width = 12
11  sheet.column_dimensions['F'].width = 15
12
13  sheet.row_dimensions[1].height=20           # 设置行高
```

3) 设置字体格式。

将单元格赋值给相应的变量，设置完字体格式后，将这些变量设置为相应的字体，完成后对文件进行保存，程序如下：

```
项目4 美化学生志愿表.py（三）
14 cell1 = sheet['A1']
15 cell2 = sheet['B1']
16 cell3 = sheet['C1']
17 cell4 = sheet['D1']
18 cell5 = sheet['E1']
19 cell6 = sheet['F1']
20 font=Font(name='黑体', size=14, bold=True, italic=True, color='FF0000')
21 cell1.font = font                    # 设置单元格字体
22 cell2.font = font
23 cell3.font = font
24 cell4.font = font
25 cell5.font = font
26 cell6.font = font
27 workbook.save(filename='新表格.xlsx')   # 保存文件
```

2. 测试程序

运行程序，查看运行结果。

3. 答疑解惑

可以先调用font模块，设置表格的行高与列宽；再将表头字体设置为黑体、14号字、红色；最后对文件进行保存。

📍 项目支持

1. font 模块

当运用Python程序设置字体时，经常需要使用font模块。font对象的style属性用于设置文本在单元格中的显示方式。为了设置style属性，可以向font()函数传入关键字参数。字体的格式包括样式、尺寸、斜体、颜色、粗体等。

2. 常用字体的颜色配置数值

在Python程序中，字体的颜色以6位的十六进制字符表示。在设置字体的颜色时，输入对应的颜色配置数值即可，常用的颜色配置数值如下表所示。

颜色	颜色配置数值
黑色	000000
白色	FFFFFF
红色	FF0000
绿色	00FF00
蓝色	0000FF

📍项目练习

1) 根据需要，使用Python程序修改Excel表格中的行高与列宽，适当调整单元格的字体格式，保存并运行程序，查看运行结果。

2) 试一试，通过编写Python程序来设置文件夹中Excel表格的格式。

8.3 收发电子邮件

电子邮件在日常办公中的使用频率很高，例如传送文件、发送通知、核对银行对账单、进行邮件验证等。运用Python程序，可以实现在不打开电子邮箱的情况下收发邮件，从而节约时间、提高办公效率。

8.3.1 发送电子邮件

使用Python程序发送电子邮件时，不仅可以发送文字、图片、链接、附件等，而且可以通过设定发送时间来实现定时发送。

◎项目5◎ **汇报学习成果**

李明在学习了本章内容之后，想要将学习成果以邮件的形式发送到辅导老师的邮箱，辅导老师要求李明使用Python程序编写邮件并发送到指定的邮箱。

📍项目规划

1. 理解题意

在发送邮件之前，需要先使用账号和密码登录邮箱，编写邮件内容并插入图片。如果包含附件，那么还需要写好附件地址，默认一般实时发送邮件。对于想要定时发送的邮件来说，还需要添加发送时间等。最后添加收件人的邮箱地址并设置邮件主题。

2. 问题思考

01 发件人如何保障邮箱账号和密码的安全？

02 邮件的内容可以包含哪些类型？

03 可以实现邮件的批量发送吗？

3. 知识准备

在Python中，为了发送电子邮件，还需要另行安装模块，这里需要安装yagmail模块。因此，你需要掌握yagmail模块的用法，同时还需要掌握与发送电子邮件有关的基础知识。

```
Import yagmail              # 导入 yagmail 模块
yag = yagmail.SMTP()        # 链接邮箱服务器
<主程序>
yag.close()                 # 关闭
```

项目分析

1. 思路分析

根据项目要求，首先进入电子邮箱，设置邮箱的POP3、SMTP和IMAP参数，生成邮箱的"授权码"。然后添加yagmail模块，将发件邮箱的账号和"授权码"添加到系统中。最后运用Python程序编辑邮件内容，发送邮件。

2. 算法分析

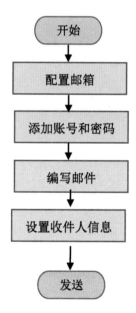

项目实施

1. 编写程序

为了防止邮箱密码泄露，建议将邮箱密码单独存放到邮箱的信息参数中，等到使用时再调用邮箱的信息参数。接下来编写Python程序，将学习成果编写成邮件后发送到指定的邮箱。

```
项目 5  汇报学习成果.py
1  import yagmail
2  yagmail.register('wangjunemail@foxmail.com','*******')        # 邮箱及密码
3  yag = yagmail.SMTP(user='wangjunemail@foxmail.com',host='smtp.qq.com')
4  contents = ['学习使用Python发送电子邮件，',                    # 邮件正文
5          '这是我使用Python发送的第一封电子邮件。']
6  yag.send('wj81349@sina.com','应用Python发送电子邮件',contents)  # 收件人和邮件主题
```

2. 测试程序

运行程序，查看运行结果，如下图所示。

应用Python发送电子邮件 🔲 🖨
发件人："wangjunemail@foxmail.com" <wangjunemail@foxmail.com>
时　间：2020年6月13日 星期六 下午16:21
收件人："wj81349" <wj81349@sina.com>
大　小：3.59K

学习使用Python发送电子邮件，
这是我使用Python发送的第一封电子邮件。

3. 答疑解惑

可以先将邮箱账号和密码存储到系统中，再调用yagmail模块，读取系统中预先保存的邮箱账号和密码。contents部分是邮件的正文，支持分段，内容可以是文字、图片、链接等。

📍 项目支持

1. yagmail模块

ygmail模块是Python的第三方库，使用时用户需要自行安装。当通过yagmail模块发送邮件时，需要事先启用邮件的SMTP服务并开通第三方授权，否则无法正确使用yagmail模块。

2. SMTP服务

SMTP是一种电子邮件传输协议，安全可靠。SMTP服务建立在FTP文件传输服务的基础之上，主要用于系统之间邮件信息的传递，并提供有关来信的通知。

项目练习

1) 阅读如下程序，查看运行结果。

```
import yagmail
yag = yagmail.SMTP(user='wangjunemail@foxmail.com',host='smtp.qq.com')
contents = ['学习使用Python发送电子邮件，',
                    '这是我使用 Python 发送的第一封电子邮件。'
                    '<a href="https://www.baidu.com">百度网站</a>']
yag.send('wj81349@sina.com','汇报学习成果',contents)
```

2) 试一试，编写程序，将邮件发送给多个联系人。

8.3.2 读取电子邮件

阅读电子邮件时，通常需要先打开邮箱页眉或客户端软件，进入邮箱后才能读取邮件。运用Python程序，可直接打开邮箱并查看其中的邮件，十分方便快捷。

◎项目6◎ **获取反馈邮件**

前面刚刚将学习成果汇报给了辅导老师，现在编写Python程序，查看邮箱，获取辅导老师发来的反馈邮件。

项目规划

1. 理解题意

运用Python程序，从指定的邮箱获取邮件，做到在不打开邮箱页面或客户端软件的前提下将邮件内容呈现在眼前。

2. 问题思考

01 怎样连接邮件服务器？

02 怎样获取邮件的发信人和主题？

03 怎样识别邮件内容？

3. 知识准备

当运用Python程序读取邮箱中的邮件时，需要使用poplib模块。为此，你需要掌握poplib模块的用法，同时还需要掌握与运用Python程序阅读邮件相关的知识。

```
import poplib          # 导入poplib模块
<主程序>
```

使用poplib模块收取邮件分两步：第一步是使用POP3协议把邮件获取到本地；第二步是使用email模块把原始邮件解析为Message对象，然后采用适当的形式将邮件的内容展示给用户。

◉ 项目分析

1. 思路分析

根据项目要求，连接邮件服务器，进行身份验证。连接成功后，收取邮件，提取并存储邮件内容，解析出邮件内容后，打印出来。完成上述操作后，关闭连接。

2. 算法分析

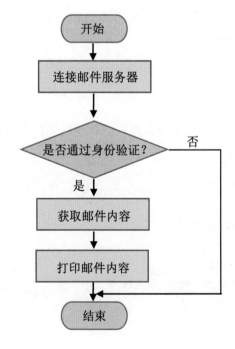

项目实施

1. 编写程序

1) 加载模块。

加载需要的模块，为后面编写程序做好准备工作。

项目 6　获取反馈邮件.py(一)

```
1  from email.parser import Parser
2  from email.header import decode_header
3  from email.utils import parseaddr
4  import poplib                              # 加载需要的模块
5
```
---

2) 进入邮箱。

编写相关代码，使用正确的账号和密码等相关信息，进入邮箱，阅读邮件。

项目 6　获取反馈邮件.py(二)

```
5   class Email:
6       def __init__(self,account,password,pop3_server):
7           self.account = account                    # 邮箱地址
8           self.password =password                   # 邮箱密码
9           self.pop3_server = pop3_server            # 邮箱的POP3服务器地址
10      def guess_charset(self,msg):
11          charset = msg.get_charset()
12          if charset is None:
13              content_type = msg.get('Content-Type', '').lower()
14              pos = content_type.find('charset=')
15              if pos >= 0:
16                  charset = content_type[pos + 8:].strip()
17          return charset
18      def decode_str(self,s):
19          value, charset = decode_header(s)[0]
20          if charset:
21              value = value.decode(charset)
22          return value
23      def print_info(self,msg, indent=0):
24          if indent == 0:
25              for header in ['From', 'To', 'Subject']:
26                  value = msg.get(header, '')
27                  if value:
28                      if header == 'Subject':
29                          value = self.decode_str(value)
30                      else:
```
---

3) 打印邮件内容。

在成功获取邮件内容之后，编写相关代码，将邮件内容显示或输出到屏幕上。

项目 6　获取反馈邮件.py(三)

```
31                    hdr, addr = parseaddr(value)
32                    name = self.decode_str(hdr)
33                    value = u'%s <%s>' % (name, addr)
34                print('%s%s: %s' % ('  ' * indent, header, value))
35        if (msg.is_multipart()):
36            parts = msg.get_payload()
37            for n, part in enumerate(parts):
38                print('%spart %s' % ('  ' * indent, n))        # 打印邮件内容
39                print('%s--------------------' % ('  ' * indent))
40                self.print_info(part, indent + 1)
41        else:
42            content_type = msg.get_content_type()
43            if content_type == 'text/plain' or content_type == 'text/html':
44                content = msg.get_payload(decode=True)
45                charset = self.guess_charset(msg)
46                if charset:
47                    content = content.decode(charset)
48                print('%sText: %s' % ('  ' * indent, content + '...'))
49            else:
50                print('%sAttachment: %s' % ('  ' * indent, content_type))
```

4) 连接邮件服务器。

只有在成功连接邮件服务器并完成身份验证后，才能获取邮箱中的邮件。接下来，将获取的邮件内容解析并呈现出来。

项目 6　获取反馈邮件.py(四)

```
52    def main(self):
53        server = poplib.POP3_SSL(pop3_server)      # 连接 POP3 服务器
54        server.user(email)                          # 进行身份验证
55        server.pass_(password)
56        resp, mails, octets = server.list()
57        index = len(mails)
58        resp, lines, octets = server.retr(index)
59        msg_content = b'\r\n'.join(lines).decode('utf-8')   # 解析邮件
60        msg = Parser().parsestr(msg_content)
61        self.print_info(msg)
62        server.quit()                               # 关闭连接
```

5) 添加账号信息。

最后，需要将电子邮箱的地址、账号、密码及相关的服务器地址配置到代码中，以确保 Python 程序能够正确地打开电子邮箱。

项目6　获取反馈邮件.py(五)

```
63  if __name__ == '__main__':
64      email = "***********@qq.com"              # 邮箱地址
65      password = "***************"               # 邮箱密码(授权码)
66      pop3_server = "pop.qq.com"                 # POP3 服务器地址
67      Email(email,password,pop3_server).main()
```

2. 测试程序

运行程序，查看运行结果，效果如下图所示。

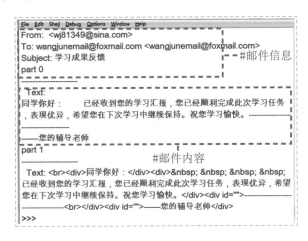

3. 答疑解惑

邮箱地址、密码和POP3服务器地址等信息已被写到Python程序的后台，它们不影响程序的运行。程序的运行只与代码有关，与位置无关。

项目支持

1. poplib 模块

poplib模块用于从POP3服务器收取邮件，这是处理邮件的第一步。POP3协议并不复杂，这种协议采用的是一问一答的方式：用户向服务器发送一个命令，服务器则向用户回复一条信息。

2. POP3 协议

当使用软件管理邮箱中的邮件时，就需要使用POP3协议。POP3协议支持以"离线"方式处理邮件，一般只下载邮件，而不会删除服务器上的邮件。

项目练习

1) 修改程序，在项目6的基础上，运用所学知识，打开其他邮箱，获取新邮件，并将邮件内容打印出来。

2) 试一试，修改程序，读取邮箱中更多邮件的内容。

第9章

开发趣味游戏

Python语言拥有一颗聪明的"大脑",可以帮助我们做很多事情,例如运算、绘图、获取网络数据、管理文件、处理表格数据等,对此我们已经深有体会。

除此之外,我们还可以利用Python语言强大的人机交互功能来编写有趣的游戏。本章将重点从工具准备、规则设定、图形绘制、声音加载、事件交互等方面介绍Python游戏的开发。

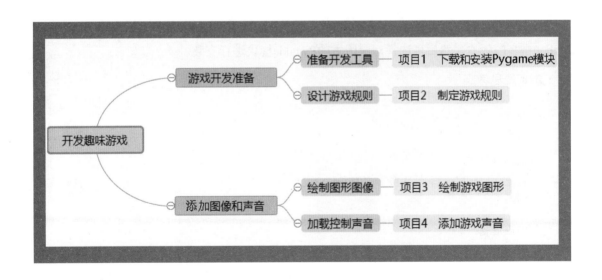

9.1 游戏开发准备

与普通程序的编写不同，游戏除了需要丰富的动画效果之外，还需要很强的交互功能。想要实现这些，仅凭我们掌握的Python基础知识是远远不够的，还必须借助Python语言的其他工具才行。因此，在进行正式的游戏开发之前，我们需要首先下载和安装Pygame模块，同时还需要制定好游戏的规则。

9.1.1 准备开发工具

在开发游戏的过程中，需要在屏幕上绘制并移动图形以产生动态的视觉效果。Python语言中的Pygame模块提供了这些强大的功能，因而能够帮助我们绘制图形、实现动画并创作出流畅的游戏效果。接下来就让我们一起来学习如何下载和安装Pygame模块。

◎项目1◎ 下载和安装Pygame模块

Pygame作为Python语言中的重要模块，和Python语言一样，也有着众多的版本。因此，我们首先需要选择与系统中所安装Pygame语言配套的Python版本，下载后再进行安装。

◉ 项目规划

1. 理解题意

Pygame模块需要在Python语言的基础上运行，所以我们首先需要了解计算机中所安装Python语言的版本，然后再选择对应版本的Pygame模块进行安装。

2. 问题思考

01 如何下载Pygame模块？

02 如何选择合适版本的Pygame模块？

3. 知识准备

目前主流的Python语言版本为Python 3.8，Python 3.8又根据操作系统位数的不同分为32位版本和64位版本。与不同版本的Python 3.8对应的Pygame模块也是有所不同的，这一点需要特别注意，以免出现下载后无法正确安装的现象。

📍 项目分析

1. 思路分析

经确认，计算机中安装的Python语言版本为64位的Python 3.8。下面重点以Python 3.8的64位版本为例介绍Pygame模块的下载、安装和调试。

2. 安装步骤

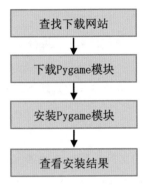

📍 项目实施

1. 下载 Pygame 模块

Pygame模块可从Python官方网站下载。在浏览器的地址栏中输入www.python.org后回车，即可进入Python官方网站的首页。单击页面右上方的PyPI选项，在出现的界面中输入pygame，单击搜索图标，跳转至Pygame模块的下载界面。

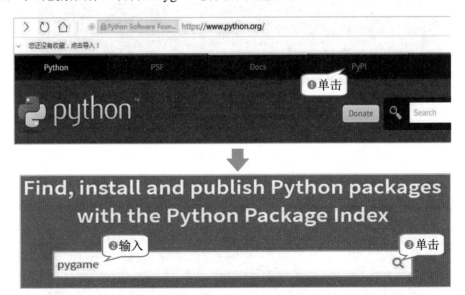

进入Pygame模块的下载界面后，选择下载适合当前所安装Python版本的Pygame版本。根据之前所做的项目分析，此处选择下载pygame-1.9.6-cp38-cp38-win_amd64.whl。

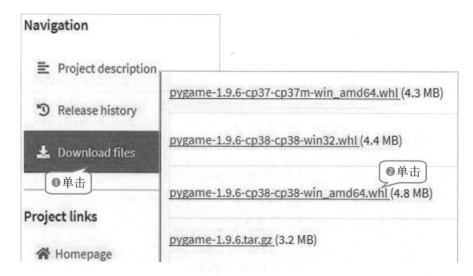

2. 安装 Pygame 模块

下载完之后，将后缀名为whl的文件放到Python的pip文件目录下。打开Windows命令提示符窗口，执行cd C:\Users\Administrator\AppData\Local\Programs\Python\Python38\Lib\site-packages命令，将当前目录切换到pip对应的路径。然后执行pip install pygame-1.9.6-cp38-cp38-win_amd64.whl，稍后即可完成Pygame模块的安装。

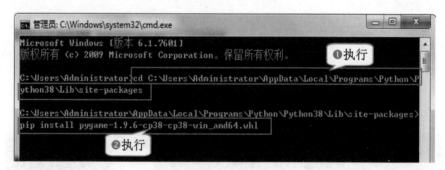

3. 查看安装结果

在Windows命令提示符窗口中执行python命令，进入交互模式。然后执行import pygame命令，如果看到Pygame的版本号，那么表示Pygame模块已经安装成功。

项目支持

为了在Windows操作系统中安装Pygame模块，需要首先安装pip程序。如果还没有安装pip程序，那么可以从Python官方网站上下载安装文件，如下图所示。

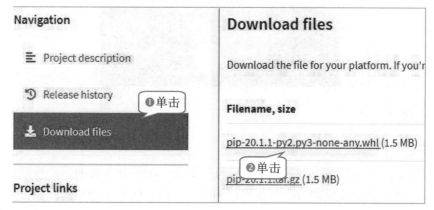

下载完安装文件之后，解压缩安装文件，运行setup.py即可完成pip程序的安装。

项目练习

1) 请查看自己的计算机中安装的Python语言版本。

2) 请从Python官方网站上下载适合自身情况的Pygame模块，然后尝试在Windows操作系统中进行安装。

3) 请尝试调用Pygame模块，并使用Pygame模块绘制简单的图形。

9.1.2 设计游戏规则

在日常生活中，无论是体操、游泳、足球等体育比赛，还是纸牌、成语接龙等游戏，它们都有十分明确的规则。在使用Pygame模块开发游戏之前，同样需要制定明确的游戏规则。

◎项目2◎ 制定游戏规则

乒乓球被称为"国球"，深受国人喜爱。从稚嫩的孩童到白发的老人，都能拿起球拍，打上几个回合。但是，这项运动对场地、器材等也有一定的要求，并不是随时随地都可以进行。我们可以利用Python语言编写一款人机交互的乒乓球游戏，这样足不出户在家就可以打乒乓球了。在编写游戏 之前，我们需要首先制定好游戏的规则，例如乒乓球在屏幕上的运动范围，碰到边缘就反弹，击中则增加得分，没有击中则失分，等等。

📍 项目规划

1. 理解题意

这款人机交互的乒乓球游戏的规则大体分三部分：一是乒乓球的运动规则，包括运动范围的大小、碰到边缘就反弹等；二是用户的交互规则，包括生命值的多少、如何得分、如何失分等；三是游戏的结束规则，包括提出游戏、游戏失败、重启游戏等。

2. 问题思考

01 如何限定乒乓球的运动范围？如果碰到屏幕的边缘，该如何处理？

02 如何判断用户得分还是失分，以及如何累计得分？

03 结束游戏的方法有哪些？如何实现"再来一局"？

3. 知识准备

1) 导入Pygame模块。

在Python语言中，Pygame模块需要导入之后才能正常使用，具体的使用方法如下。

```
import pygame        # 导入Pygame模块
pygame.init()        # 初始化Pygame模块
<主程序>
pygame.quit()        # 退出Pygame模块
```

在Python程序中，import pygame、pygame.init()和pygame.quit()是一起配套使用的。程序开头的import pygame和pygame.init()用于导入并初始化Pygame模块，程序末尾的pygame.quit()用于退出Pygame模块。

2) 创建显示窗口。

pygame.display.set_mode()函数位于pygame.display子模块中，作用是初始化准备显示的窗口或屏幕，具体用法如下。

> pygame.display.set_mode()
>
> 例如：>>>pygame.display.set_mode([800,600])
>
> 运行结果：创建了一个宽度为800像素、高度为600像素的显示窗口

当使用pygame.display.set_mode()函数创建显示窗口时，用于指定窗口大小的单位是像素。可使用一组带有方括号的数字来表示窗口的宽度和高度，例如[800,600]。

3) 刷新屏幕。

pygame.display.update()函数位于pygame.display子模块中，作用是刷新屏幕上显示的内容，具体用法如下。

> pygame.display.update()
>
> 例如：>>>pygame.draw.circle(screen,WHITE,(100,100),50)
>
> >>>pygame.display.update()
>
> 运行结果：在屏幕上绘制一个半径为50像素的白色圆形，之后刷新屏幕，将新绘制的图形显示在屏幕上

在对屏幕进行修改或者绘制新的图形之后，我们通常会调用pygame.display.update()函数，从而将所做的修改或者新绘制的图形及时显示在屏幕上。

项目分析

1. 思路分析

○ **想一想**　在这款乒乓球游戏中，屏幕窗口的大小已经固定，因而乒乓球只能在屏幕窗口的范围内运动。当乒乓球触碰到屏幕窗口的边缘时，如何处理呢？乒乓球的运动方向和速度又将发生怎样的变化？请结合生活常识，谈一谈你的想法，并将这些想法记录下来。

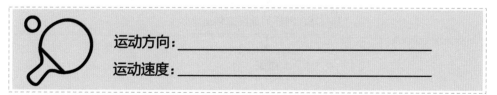

运动方向：_____

运动速度：_____

○ **写一写**　在这款乒乓球游戏中，用户将使用球拍来拦截从随机方向飞来的乒乓球。如果成功拦截到乒乓球，就将得分加1，否则将生命值减1。请运用之前所学的知识，将表述得分和失分的Python语句写在下框中。

得分：＿＿＿＿＿＿＿＿＿＿＿＿＿＿＿＿＿＿＿＿＿＿

失分：＿＿＿＿＿＿＿＿＿＿＿＿＿＿＿＿＿＿＿＿＿＿

○ **说一说**　和其他游戏一样，这款乒乓球游戏也应该有结束条件。你认为这款游戏的结束条件应该是什么？如果用户希望"再来一局"，该如何解决？请说出你的观点。

游戏的结束条件：＿＿＿＿＿＿＿＿＿＿＿＿＿＿＿＿＿

如何"再来一局"？＿＿＿＿＿＿＿＿＿＿＿＿＿＿＿＿

2. 算法分析

1) 乒乓球运动的算法分析。

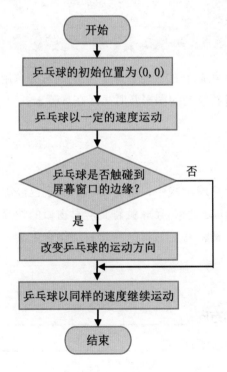

2) 得分和失分的算法分析。

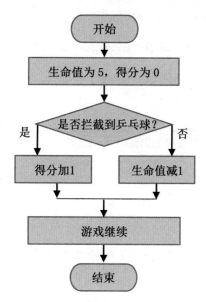

3) 游戏结束的算法分析。

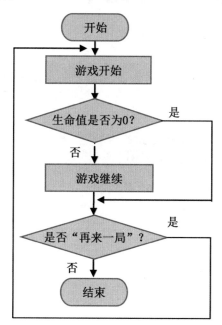

📍 项目实施

1. 编写程序

这款乒乓球游戏的规则分为运动规则、得分/失分规则和结束/重启规则三部分。下面重点介绍如何编程实现这三部分规则，稍后再将它们融入主程序以形成完整的游戏代码。

项目2　乒乓球运动规则.py

```
1  screen = pygame.display.set_mode([800,600])        # 创建显示窗口
2
3     if ballx <= 0 or ballx + ball.get_width() >= 800:     # 判断横坐标是否超出窗口
4         speedx = -speedx                                  # 改变横坐标的运动方向
5     if bally <= 0 or bally + ball.get_width() >= 600:     # 判断纵坐标是否超出窗口
6         speedy = -speedy                                  # 改变纵坐标的运动方向
```

项目2　得分/失分规则.py

```
1  points = 0
2  lives = 5                        # 设置得分与生命值的初值
3
4     if bally >= 500:    # 球的高度为100像素，纵坐标大于500像素，说明乒乓球的边缘已出界
5         lives -= 1                   # 将生命值减1
6
7     if bally + ballh >= baty and bally + ballh <= baty + bath \
8         and speedy > 0:              # 乒乓球的纵坐标接近球拍的纵坐标并且速度不为0
9
10        if ballx + ballw / 2 >= batx and ballx + ballw / 2 \
11        <= batx +batw:               # 乒乓球的横坐标接近球拍的横坐标
12
13            points += 1              # 将得分加1
```

项目2　结束/重启规则.py

```
1  Continue = True                        # 设置游戏运行变量，初值为True
2
3  while Continue:
4     for event in pygame.event.get():
5         if event.type == pygame.QUIT:   # 关闭游戏窗口
6             Continue = False            # 游戏结束
7         if event.type == pygame.KEYDOWN:
8             if event.key == pygame.K_F10:    # F10 = New Game
9                 points = 0                   # 按F10功能键，重启游戏，恢复默认值
10                lives = 5
11                ballx = 0
12                bally = 0
13                speedx = 5
14                speedy = 5
15
16     if lives < 1:                           # 生命值小于1，游戏结束
17         speedx = speedy = 0
18         draw_string = "Game Over. Your score is: " + str(points)
19         draw_string += ". Press F10 to play again. "
```

2. 测试程序

以上代码为这款乒乓球游戏的规则部分，我们需要运行这款乒乓球游戏的主程序，方能查看运行结果，如下图所示。

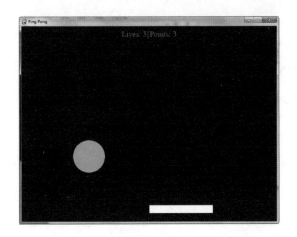

3. 答疑解惑

这里仅仅实现了这款乒乓球游戏的规则部分，因而无法独立运行。

◎ 项目支持

1. 折返符号

在Python程序中，有的语句往往很长，甚至超出屏幕的显示范围，不便于阅读。为此，可以在语句的中间加上折返符号\，从而将剩下写不完的部分折返到下一行继续书写。对于使用折返符号隔开的任何代码，Python都将它们当作同一行代码来执行。

```
55   if bally + ballh >= baty and bally + ballh <= baty + bath \
56      and speedy > 0:                          # \为折返符号
57      if ballx + ballw / 2 >= batx and ballx + ballw / 2 <= batx + \
```

2. 游戏运行变量

当使用Python语言编写游戏时，可以设置游戏运行变量来控制游戏的运行或停止。例如，本例设置了名为Continue的游戏运行变量来控制游戏的运行。当Continue变量被赋值为True时，表示游戏正常运行；当Continue变量被赋值为False时，表示游戏停止运行。

```
1  Continue = True                         # 初值为True，表示游戏正常运行
2
3   for event in pygame.event.get():
4     if event.type == pygame.QUIT:
5       Continue = False                    # 当变为False时，表示游戏停止运行
```

◎ 项目练习

1) 根据要求，写出对应的Python语句。

(1) 导入Pygame模块：_____

(2) 初始化Pygame模块：_____

(3) 退出Pygame模块：_____

2) 阅读如下程序，写出运行结果并上机验证。

```
import pygame
pygame.init()
screen = pygame.display.set_mode([800,600])
pygame.display.set_caption("Ping Pong")
pygame.quit()
```

运行结果为：_____

9.2 添加图像和声音

对于一款游戏来说，有了视觉和听觉上的交互效果之后，方可以给用户带来更加直观、立体的体验。因此，使用Python语言开发的趣味游戏也少不了美观的图形图像和配套的声音效果。我们可以利用Pygame模块的绘图功能和声音添加功能来为游戏添加图形图像和声音。

9.2.1 绘制图形图像

在游戏界面中，图形图像是游戏的基本组件。无论是游戏的背景还是游戏的交互对象，它们都是由图形图像组成的。当使用Python语言开发趣味游戏时，既可以导入外部的图形图像，也可以直接绘制图形图像。

◎ 项目3 ◎　绘制图形图像

在乒乓球游戏中，乒乓球和球拍是两个十分重要的元件，它们也是游戏交互的主要控制对象。在游戏中，用户通过移动球拍(挡板)的位置来准确击挡乒乓球，使乒乓球从挡板上反弹，从而实现游戏的得分和升级。接下来，我们将利用Pygame模块的绘图功能来亲手绘制乒乓球和球拍。

📍 **项目规划**

1. 理解题意

为了使这款乒乓球游戏既有可靠的交互性，又有美观性，同时也为了使用户获得更好的游戏体验，在绘制乒乓球和挡板时，需要重点考虑图形的大小、位置、颜色等因素。

2. 问题思考

01 如何选择乒乓球和挡板的颜色，从而使对比更加突出？

02 在游戏背景中，如何确定乒乓球和挡板的图形大小？

03 当绘制图形时，图形的初始位置如何确定？

3. 知识准备

1) 定义画笔颜色。

在Pygame模块中，需要首先定义画笔颜色，然后才能绘制对应颜色的图形图像，具体格式如下。

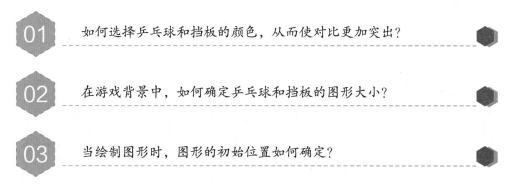

画笔颜色变量 = (数字 1, 数字 2, 数字 3)

例如: >>>WHITE = (255,255,255)

运行结果: 定义画笔颜色变量WHITE为白色(255,255,255)

在Pygame模块中，颜色是用RGB值指定的。这种颜色由红色(R)、绿色(G)和蓝色(B)三个分量组成，其中每个分量的可能取值范围都是0~255。颜色值(255,0,0)表示红色、

(0,255,0)表示绿色、(0,0,255)表示蓝色、(0,0,0)表示黑色、(255,255,255)表示白色。通过组合不同的RGB值，可创建出1600万种颜色。

2) 定义图形大小。

在Pygame模块中，在绘制图形之前，必须指定图形的大小数据，然后才能绘制出对应大小的图形，具体格式如下。

> 尺寸变量= 数值
> 例如: >>>width= 200
> heigth = 300
> 运行结果: 定义长方形的宽度为200像素、高度为300像素

长方形的大小由长方形的长度和宽度决定，所以在绘制长方形之前，首先需要指定长方形的长度和宽度。例如，可使用width = 200指定长方形的宽度为200像素，使用heigth = 300指定长方形的高度为300像素。圆形的大小由半径决定。例如，可使用radius = 50指定圆形的半径为50像素。

3) 定义图形位置。

在Pygame模块中，在绘制图形之前，还需要指定图形的位置数据，然后才能在指定的位置绘制出对应的图形，具体格式如下。

> 位置变量= 数值
> 例如: >>>x = 100
> y = 200
> 运行结果: 定义所绘图形的横坐标位置为100像素、纵坐标位置为200像素

图形的位置由横坐标和纵坐标决定，所以在绘制图形之前，需要指定所绘图形的横坐标和纵坐标。例如，可使用x = 100指定所绘图形的横坐标为100像素，使用y = 200指定所绘图形的纵坐标为200像素。这样当绘制图形时，便可在指定的位置绘制出相应的图形。

◉ 项目分析

1. 思路分析

○ **谈一谈**　当使用Pygame模块绘制圆形的乒乓球时，除了需要指定圆形的半径之外，还需要指定哪些参数才能画出具体的乒乓球形状？请结合自己在数学课堂上所学的几何知识，谈一谈你的想法，并将它们记录下来。

参数 1: _____

参数 2: _____

○ **查一查** 使用Pygame模块不仅可以绘制精美的图形，而且可以将绘制的图形保存到磁盘上，以便在程序中反复调用。请查阅相关资料，将查询到的方法记录下来。

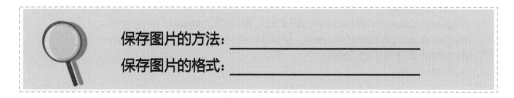

保存图片的方法: _____

保存图片的格式: _____

2. 算法分析

1) 绘制圆形乒乓球的算法分析

(2) 绘制长方形挡板的算法分析

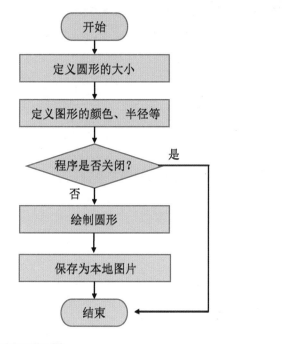

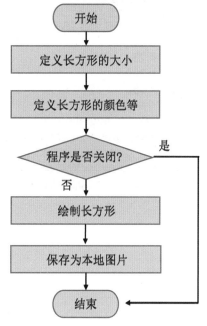

♀ 项目实施

1. 编写程序

在这款乒乓球游戏中，图形的绘制主要分为绘制乒乓球和绘制挡板(球拍)两部分。下面重点介绍如何编写乒乓球和挡板图形的绘制程序，后面再将它们融入主程序以形成完整的游戏代码。

```
项目 3   绘制乒乓球图形.py
 1  import pygame
 2  pygame.init()
 3  screen = pygame.display.set_mode([100,100])        # 创建显示窗口
 4  keep_going = True
 5  GREEN = (0,255,0)                                  # 定义乒乓球的颜色为绿色
 6  radius = 50                                        # 定义圆形的半径大小
 7  while keep_going:                                  # 判断程序是否关闭
 8    for event in pygame.event.get():
 9     if event.type == pygame.QUIT:
10       keep_going = False
11    pygame.draw.circle(screen,GREEN,(50,50),radius)  # 绘制圆形的乒乓球
12    pygame.image.save(screen, "greenball.bmp")       # 保存为本地图片
13    pygame.display.update()
14  pygame.quit()
```

```
项目 3   绘制挡板图形.py
 1  import pygame
 2  pygame.init()
 3  screen = pygame.display.set_mode([800,600])        # 创建显示窗口
 4  keep_going = True
 5  WHITE = (255,255,255)                              # 定义挡板的颜色为白色
 6  batw = 200                                         # 定义长方形的宽度
 7  bath = 25                                          # 定义长方形的高度
 8  batx = 300                                         # 定义长方形的坐标位置
 9  baty = 550
10  while keep_going:                                  # 判断程序是否关闭
11    for event in pygame.event.get():
12     if event.type == pygame.QUIT:
13       keep_going = False
14    pygame.draw.rect(screen, WHITE, (batx, baty, batw, bath))  # 绘制长方形
15    pygame.display.update()
16  pygame.quit()
```

2. 测试程序

1) 乒乓球绘制程序的运行结果如下图所示。

2) 挡板绘制程序的运行结果如下图所示。

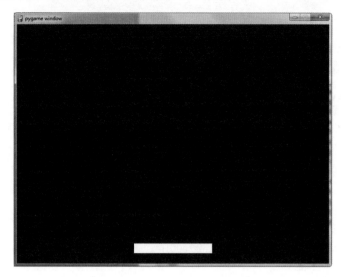

3. 答疑解惑

在利用Pygame模块绘制图形之前，需要首先指定图形的大小、颜色、位置等具体参数。不同图形的参数设置有所不同，例如，圆形需要指定半径大小，而长方形则需要指定长度和宽度大小。

📍 项目支持

1. 绘制圆形

利用Pygame模块绘制圆形的主要语句为pygame.draw.circle(a,b,c,d)。其中：a为所绘圆形的窗口名称，b为圆形的颜色，c为圆心的位置，d为圆形的半径大小。示例如下：

```
5  GREEN = (0,255,0)
6  radius = 50
7  pygame.draw.circle(screen,GREEN,(50,50),radius)
```

2. 绘制长方形

利用Pygame模块绘制长方形的主要语句为pygame.draw.rect(a,b,(c,d,e,f))。其中：a为所绘长方形的窗口名称，b为长方形的颜色，c为长方形的横坐标，d为长方形的纵坐标，e为长方形的宽度，f为长方形的高度。示例如下：

```
5  WHITE = (255,255,255)
6  batw = 200
7  bath = 25
8  batx = 300
9  baty = 550
10 pygame.draw.rect(screen, WHITE, (batx, baty, batw, bath))
```

📍 **项目练习**

1) 根据要求，写出对应的Python语句。

---

(1) 绘制圆形的主要语句：＿＿＿＿＿＿＿＿＿＿

(2) 绘制长方形的主要语句：＿＿＿＿＿＿＿＿＿

(3) 定义画笔颜色的语句：＿＿＿＿＿＿＿＿＿＿

---

2) 阅读如下程序，写出运行结果并上机验证。

```python
import pygame
pygame.init()
screen = pygame.display.set_mode([800,600])
keep_going = True
WHITE = (255,255,255)
radius = 80
while keep_going:
    for event in pygame.event.get():
        if event.type == pygame.QUIT:
            keep_going = False
    pygame.draw.circle(screen,WHITE,(100,100),radius)
    pygame.display.update()
pygame.quit()
```

运行结果为：＿＿＿＿＿＿＿＿＿＿＿＿＿

9.2.2 加载控制声音

声音是各类游戏中必不可少的元素之一，在游戏中添加合适的声音可以增强游戏的趣味性，让用户得到更好的视听体验。游戏开发人员往往会在游戏的开始、结束以及交互环节添加不同的声音。此类声音在选择时也需要特别注重趣味性和应景性。

◎**项目4**◎ **添加游戏声音**

在交互式游戏中，声音的使用范围非常广泛。例如，有的游戏在启动时会有音乐，而有的游戏会为不同的关卡设置不同的声音，还有一些游戏在每一次交互中都会有声音反馈。这些声音的使用能让整个游戏的体验更加生动且立体。在这里，我们将利用Pygame模块的声音子模块来给这款乒乓球游戏添加声音效果。

项目规划

1. 理解题意

在这款乒乓球游戏中，有很多地方需要添加声音。例如，乒乓球与球拍碰撞时会有声音，击球失败时会有声音，游戏结束时会有声音，等等。为了使游戏更加生动有趣，同时也为了让用户获得更好的游戏体验，我们将在这款乒乓球游戏的不同位置添加不同的声音。

2. 问题思考

01　如何通过选择合适的声音，让游戏更加生动有趣？

02　Pygame模块支持的声音类型都有哪些？

03　在Python程序中，声音的调用都有哪些技巧？

3. 知识准备

1) 初始化混合器。

在Pygame模块中，在为游戏添加声音之前，首先需要对混合器进行初始化，具体格式如下。

```
pygame.混合器.init()

例如：>>>pygame.mixer.init()

运行结果：对声音混合器进行初始化设置，以便能够在程序中正常调用这项功能
```

在Python程序中，为了能够正常使用Pygame模块，需要对Pygame模块进行初始化设置。同样，为了能够正常使用声音混合器，也需要对声音混合器进行初始化设置。在对声音混合器进行完初始化之后，就可以在程序中利用声音混合器调用声音文件并播放声音了。

2) 导入声音文件。

声音文件是程序的外部文件，为了在程序中使用声音文件，需要事先将其导入程序中才行，具体格式如下。

```
pygame.mixer.music.load("声音文件")
例如：>>>pygame.mixer.music.load("ball.wav")
运行结果：利用声音混合器将名为ball.wav的声音文件导入程序中
```

在初始化声音混合器之后，便可利用pygame.mixer.music.load()语句将外部的声音文件导入程序中。导入后的声音文件才可以在程序中正常调用并在合适的位置播放声音。例如，在将名为ball.wav的乒乓球击球声音文件导入程序中之后，当球拍击球成功时便可以播放乒乓球击球声音了。

3) 播放声音文件。

在将声音文件导入程序中之后，并不可以直接播放声音，我们还需要使用专门的播放语句才能将声音播放出来，如下所示。

```
pygame.mixer.music.play("声音文件")
例如：>>>pygame.mixer.music.play("ball.wav")
运行结果：当程序运行到这条语句时，就会播放名为ball.wav的声音文件
```

在Python程序中，可通过pygame.mixer.music.play("声音文件")语句将之前导入的声音文件播放出来，但播放一次即结束，不会循环播放。当pygame.mixer.music.play("声音文件")语句中的声音文件为空值时，将默认播放最近导入的声音文件。例如，可使用pygame.mixer.music.play()导入最近播放的声音文件。

📍 项目分析

1. 思路分析

○ **谈一谈** 在这款乒乓球游戏中，可以在哪些环节添加声音？添加声音的目的是什么？是不是每个环节都需要添加声音？请根据设计的游戏步骤，谈一谈自己的想法。

添加声音的环节：＿＿＿＿＿＿＿＿＿＿＿

添加声音的目的：＿＿＿＿＿＿＿＿＿＿＿

○　**查一查**　常见的声音文件格式都有哪些？在Pygame模块中，可以使用哪些格式的声音文件？请查阅相关资料，将查到的结果记录下来。

常见的声音文件格式：＿＿＿＿＿＿＿＿＿＿＿

可在Pygame模块中使用的声音文件格式：＿＿＿＿

2. 算法分析

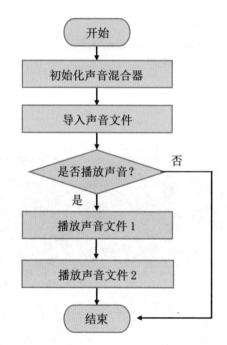

○ **项目实施**

1. 编写程序

在这款乒乓球游戏中，可在多处添加声音文件。下面重点介绍如何添加击球成功时的声音以及击球失败时的声音。

项目 4　添加击球成功时的声音.py

```
59   if bally + ballh >= baty and bally + ballh <= baty + bath \
60      and speedy > 0:                              # 乒乓球的纵坐标位于挡板上
61       if ballx + ballw / 2 >= batx and ballx + ballw / 2 <= batx + \
62        batw:                                      # 乒乓球的横坐标位于挡板上
63         points += 1                               # 击球成功, 将得分加1
64         speedy = -speedy
65         pygame.mixer.init()                       # 初始化声音混合器
66         pygame.mixer.music.load("ball.wav")       # 导入击球成功声音文件
67         pygame.mixer.music.play()                 # 播放击球成功声音文件
```

项目 4　添加击球失败时的声音.py

```
41   if ballx <= 0 or ballx + ballw >= 800:          # 乒乓球碰到屏幕窗口的左右边缘
42      speedx = -speedx
43   if bally <= 0:                                   # 乒乓球碰到屏幕窗口的上方边缘
44      speedy = -speedy
45   if bally >= 500:                                 # 没有拦截到乒乓球, 将生命值减1
46      lives -= 1
47   pygame.mixer.init()                             # 初始化声音混合器
48   pygame.mixer.music.load("fail.wav")            # 导入击球失败声音文件
49   pygame.mixer.music.play()                      # 播放击球失败声音文件
```

2. 测试程序

1) 击球成功时播放 "击球声"。

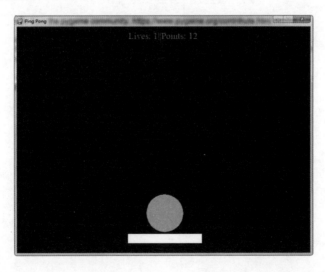

2) 击球失败时播放"击球失败声"。

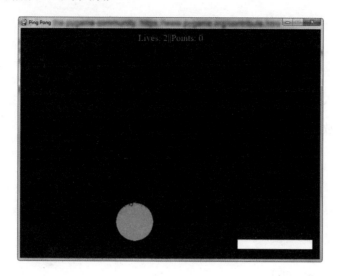

3. 答疑解惑

当利用Pygame模块的声音混合器导入声音文件时，既可以每次只导入一个声音文件，然后播放这个声音文件；也可以提前导入多个不同的声音文件，然后根据程序的运行情况调用不同的声音文件进行播放。后面这种方式虽然可以减少编写的语句，但也存在不足之处——阅读程序时可能造成理解上的不便。以上两种方式各有利弊，可根据具体情况选择适合自己的方式。

♀ 项目支持

1. 常见的音频格式

Pygame模块支持的音频格式有WAV、MP3等，不同的音频格式是由不同的音频编码方式决定的。

WAV格式是微软公司开发的一种声音文件格式，WAV文件也叫波形声音文件。作为最早的数字音频格式，WAV格式得到了Windows平台及Windows应用程序的广泛支持。WAV格式支持许多压缩算法，还支持多种音频位数、采样频率和声道，但这种音频格式对存储空间的需求太大，因而不便于交流和传播。

MP3格式能够以高音质、低采样频率对数字音频文件进行压缩。换句话说，音频文件(主要是大型文件，比如WAV文件)能够在音质丢失很小的情况下(人耳根本无法察觉这种音质损失)把文件压缩得更小。

2. 声音文件的存储

在Pygame模块中，当使用声音混合器导入并播放外部的声音文件时，声音文件需要与程序文件存储到同一文件夹中才能正常读取和播放。如果声音文件和程序文件不在同一文件夹中，将无法导入并播放声音文件。这一点在添加游戏声音时需要特别注意。

⦿ 项目练习

1) 根据要求，写出对应的Python语句。

---

      (1) 初始化声音混合器的语句：_____

      (2) 导入声音文件的语句：_____

      (3) 播放声音文件的语句：_____

---

2) 阅读如下程序，写出运行结果并上机验证。

```
if lives < 1:
    speedx = speedy = 0
    draw_string = "Game Over. Your score is: " + str(points)
    pygame.mixer.init()
    pygame.mixer.music.load("gameover.wav")
    pygame.mixer.music.play()
    draw_string += ". Press F10 to play again. "
```

运行结果为：_____

第 10 章

初用人工智能

　　当前，人工智能掀起了新一波科技浪潮，成为最前沿、最热门的学科和研究方向。人工智能的飞速发展，为制造、家居、教育、交通、医疗、物流等各行各业的发展以及社会服务带来前所未有的变化，人工智能俨然已经成为各个行业不可或缺的一部分，越来越多的人开始加入人工智能的学习队伍中。Python作为最适合用来学习人工智能的编程语言，无疑受到越来越多的人追捧。

　　本章将通过6个典型项目，由浅入深地介绍人工智能的基本工作原理，同时还将探讨如何使用Python编写人工智能程序。

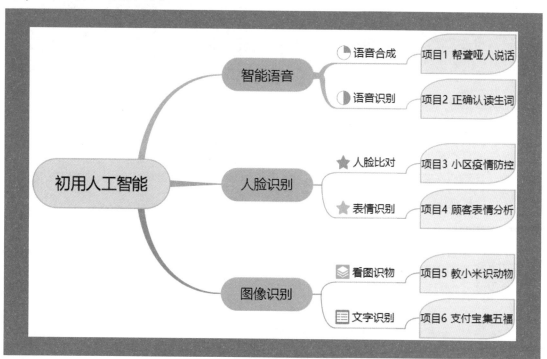

10.1 智能语音

伴随着人工智能的快速发展，语音技术的发展也越来越迅速，并且越来越智能。智能语音技术已经成为人们获取信息和进行沟通的最便捷、最有效手段，这种技术能让人与机器进行语音交流，让机器听明白人类在说什么。智能语音技术在生活中的应用也十分广泛，比如家用的智能音响、手机语音助手等，它们给我们的生活带来了很多便利。

10.1.1 语音合成

智能语音技术涵盖了语音合成技术和语音识别技术。其中，语音合成技术能将文字转换成一段自然流畅的语音。语音合成技术在生活中的应用随处可见，比如公交车的报站系统、电子书的自动朗读，等等。总之，我们在生活中遇到的大多数能让机器发出声音的场景，都使用了语音合成技术。

◎项目1◎ 帮聋哑人说话

刘小豆的舅舅是聋哑人，平常与别人交流时十分不方便，刘小豆便想使用Python编写一个语音合成程序，希望能帮助舅舅"开口说话"。舅舅想说什么，只需要输入相关文字，就可以通过程序转换成声音，把想说的话"说出来"。

♀ 项目规划

1. 理解题意

根据项目要求，需要使用Python编写语音合成程序，功能是帮助刘小豆的舅舅"开口说话"：只需要在程序中输入相关文字，程序就可以将文字转换成语音，并以MP3文件格式保存在计算机中。

2. 问题思考

01 你知道语音合成技术的基本工作原理吗？

02 如何在百度AI的官方网站上申请语音合成的API？

03　如何使用Python调用语音合成的API？

3. 知识准备

在使用Python编写人工智能程序之前，需要申请语言合成的API(应用程序编程接口)。百度、微信、支付宝等都提供了各种各样的API供用户使用，通过这些API，我们便可以获得相应的服务，而不用去弄清楚背后的工作机制。例如，我们可以通过国家气象局提供的API获得一周的天气情况。

♀ 项目分析

1. 思路分析

首先需要在百度AI的官方网站(https://ai.baidu.com/)上注册用户，然后申请语音合成的API，接下来使用API将用户输入的文字转换成语音，最后将语音以MP3文件格式保存在计算机中。

2. 算法分析

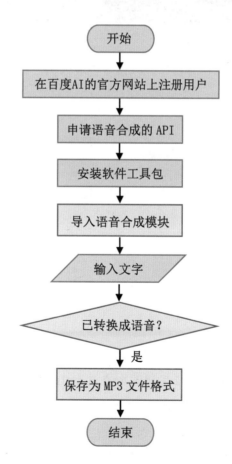

📍 **项目实施**

1. 注册用户

打开百度AI的官方网站，按下图所示进行操作，注册百度账号，然后使用注册好的用户名和密码登录网站。

2. 申请语音合成的 API

登录成功后，按下图所示进行操作，以语音合成为例，从网站页面的产品服务中申请可以调用的API。

申请成功后，即可在应用列表中查看API的相关信息，其中包括应用名称、App ID(应用标识)、API Key(账号)、Secret Key(密码)、创建时间等。

3. 安装软件工具包

按下图所示进行操作，安装百度AI为Python开发的软件工具包。

4. 编写程序

项目 1　帮聋哑人说话.py

```
1  from aip import AipSpeech                          # 导入语音合成模块
2  APP_ID="          "                                # 申请APP_ID
3  API_KEY="                    "                     # 申请API_KEY
4  SECRET_KEY="                    "
5  aip=AipSpeech(APP_ID,API_KEY,SECRET_KEY)           # 创建语音合成对象
6  text=input("请输入要说的话：")
7  options={}                                         # 设置可选参数
8  options['spd']=6                                   # 设置语速
9  options['pit']=3                                   # 设置音调
10 options['vol']=10                                  # 设置音量
11 options['per']=3                                   # 设置发音人为男性
12 result=aip.synthesis(text,options=options)         # 将文字转换为语音
13 if not isinstance(result, dict):
14     with open('yuyin.mp3', 'wb') as f:
15         f.write(result)                            # 写入音频文件
```

5. 测试程序

运行程序，输入要说的话，运行结果如下图所示。

6. 答疑解惑

当使用pip install命令安装百度AI为Python开发的软件工具包时，需要连接互联网，否则会提示安装不成功。另外，在使用with语句时，表达式后面的冒号不能省略，尤其是在with语句嵌套于if语句中的情况下，with语句中的代码块必须缩进两次。

📍 项目支持

1. Python 包管理工具 pip

pip是Python包管理工具，提供了查找、下载、安装、卸载Python包的功能。从Python 3.4开始，pip就已经默认包含在Python安装程序中。可通过pip install命令安装百度AI为Python开发的软件工具包。

2. Python 模块的导入与使用

有很多编程高手为Python开发了一些功能强大的模块，例如Pygame模块专为游戏设计而开发，其中包含图像、声音处理方面的多个函数。在使用模块中的函数和变量之前，必须首先使用import命令将模块导入。

📍 项目练习

1) 请你说一说身边还有哪些语音合成方面的实际应用。

2) 刘小豆制作了一个与垃圾分类有关的视频短片，他想为这个视频短片配音，但又担心自己的普通话不过关。请你试着编写一个语音合成程序来为视频配音，从而解决刘小豆心中的烦恼。

10.1.2 语音识别

语音识别是人工智能应用领域里的一个重要分支，研究的是如何将语音快速、准确地识别为文字。随着科学技术的发展，语音识别已经越来越多地渗透到我们的日常生活中，像车载导航、智能家居等实际应用就用到了语音识别技术。

◎项目2◎ 正确认读生词

今天语文课将要下课时，老师在黑板上留下一组生词，要求大家回家认读。放学回家后，刘小豆同学按照要求认读生词，但是在认读的过程中发现，部分生词的发音不标准，但又无法及时得到纠正，这下该怎么办呢？在本项目中，我们将使用Python编写一个语音识别程序来帮助刘小豆同学纠正发音。

📍 项目规划

1. 理解题意

根据项目要求，需要使用Python编写语音识别程序，并且要求编写的程序能够判断刘小豆同学朗读的生词是否正确。如果朗读正确，就显示下一个生词；如果朗读不正确，就要求重读生词，直到朗读正确为止。

2. 问题思考

01　你知道语音识别的基本工作原理吗？

02　如何在百度AI的官方网站上申请语音识别的API？

03　如何使用Python调用语音识别的API？

3. 知识准备

在Python中，可使用def关键字来声明函数。完整的函数由函数名、参数以及函数实现语句组成。如果函数有返回值，那么还需要在函数中使用return语句返回计算结果，语法格式如下。

```
def   函数名(参数列表):
      函数语句
      return 返回值
```

📍 项目分析

1. 思路分析

可使用Python调用语音识别的API，具体过程如下：使用PyAudio扩展包录制音频，然后使用API将音频转换成文字，并与提供的生词进行比对。如果读音正确，就显示下一个生词；如果读音不正确，就要求重新进行录制并比对，直到读音正确为止。

2. 算法分析

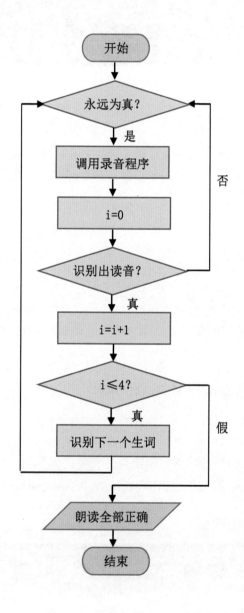

📍 项目实施

1. 申请语音合成的 API

打开百度AI的官方网站，使用注册好的用户名和密码进行登录。登录成功后，以语音识别为例,从网站页面的产品服务中申请可以调用的API,如下图所示。

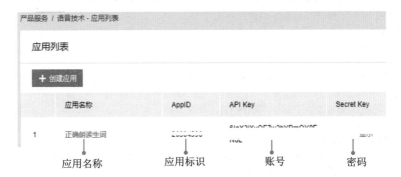

2. 编写程序

1) 编写录音函数。

首先使用pip install命令安装PyAudio扩展包,然后在项目文件中导入pyaudio模块,最后编写录音函数。

```
项目 2　正确认读生词.py(一)

1  import pyaudio                              # 导入 pyaudio 模块
2  from aip import AipSpeech
3  def get_audio():
4      pa=pyaudio.PyAudio()                    # 创建 PyAudio 对象
5      FORMAT=pyaudio.paInt16                  # 量化位数
6      RATE=16000                              # 采样率
7      CHANNEL=1                               # 声道数
8      CHUNK=1024                              # 设置每个音频流块的大小
9      DURATION=3                              # 设置录音时间为 3 秒
10     stream=pa.open(format=FORMAT,
11             channels=1,
12             rate=RATE,                       # 创建音频流对象
13             input=True,
14             frames_per_buffer=CHUNK)
15     frames=[]
16     input("开始录音: ")
17     for i in range(DURATION*RATE//CHUNK+1):
18         data=stream.read(CHUNK)
19         frames.append(data)
20     print("录音结束。")
21     audio_buffer=b"".join(frames)           # 拼接为完整的音频流
22     stream.stop_stream()
23     stream.close()                          # 关闭音频流
24     pa.terminate()
25     return audio_buffer                     # 返回变量
```

2) 编写语音识别程序。

首先在项目文件中导入语音识别的API,然后编写语音识别程序,完成后保存文档。

项目 2　正确认读生词.py（二）

```
26 words=['冠军','瞻仰','凝视','鸟瞰','魁首']        # 需要朗读的生词
27 APP_ID="          "                              # 申请 APP_ID
28 API_KEY="                           "            # 申请 API_KEY
29 SECRET_KEY="                              "
30 aip=AipSpeech(APP_ID,API_KEY,SECRET_KEY)         # 创建语音识别对象
31 i=0
32 print("请朗读第%d个生词： "%(i+1))
33 while True:
34     audio=get_audio()                            # 调用录音函数
35     result=aip.asr(audio,'wav',16000,{'dev_pid':1537}) # 调用语音识别函数
36     speech=result['result'][0].rstrip('。')       # 去除文字末尾的标点
37     if words[i]==speech:
38         i+=1
39         if i > 4:
40             break                                # 退出循环
41         print("朗读正确，请朗读下一个生词： ")
42     else:
43         print("读音不正确，请重新朗读： ")
44 print("恭喜你，生词朗读全部正确。")
```

3. 测试程序

运行程序，对着麦克风朗读生词，得到的运行结果如下。

```
请朗读第1个生词：
开始录音：
录音结束。
朗读正确，请朗读下一个生词：
开始录音：
录音结束。
朗读正确，请朗读下一个生词：
开始录音：
录音结束。
读音不正确，请重新朗读：
```

4. 答疑解惑

由于使用了百度AI的官方网站上提供的API，因此程序在运行时，需要连接互联网，否则会发生错误。另外，在使用while和if语句时，表达式后面的冒号不能省略，尤其是在if语句嵌套于while语句中的情况下，更要注意if语句中代码块的缩进问题。

项目支持

1. PyAudio 包

PyAudio是Python开源工具包，顾名思义，PyAudio提供了与语音操作有关的工具。对于PyAudio包，可直接参照Python及操作系统版本下载对应的.whl文件，然后使用pip install

命令安装即可。

2. 语音识别的基本原理

所谓语音识别，就是将一段语音信号转换成相应的文本信息。对于不同的语音识别过程，人们采用的识别方法和技术也不同，但背后的原理大致相同，就是将经过降噪处理的语音送入特征提取模块，然后在对语音信号进行特征处理后输出识别结果。

◈ 项目练习

1) 请试着编写一个具有"复读机"功能的程序，当你对着麦克风说完"我在学校学习人工智能课程"这句话之后，程序就把你刚才说过的话复读三遍。

2) 请试着编写一个能够通过语音访问网站的程序，当你对着麦克风说"百度"时，就自动打开百度网站；当说"淘宝"时，则打开淘宝网站；当说"退出"时，则关闭网站，退出浏览器。

10.2　人脸识别

人脸识别是基于人的脸部特征信息进行身份识别的一种生物识别技术，目前已被逐步应用到我们生活的各个领域。作为实现人工智能必不可少的一部分，诸如住宅小区的人脸门禁、卖场超市的无人零售等生活场景都用到了人脸识别技术。

10.2.1　人脸比对

人脸识别的主要用途是进行身份识别。视频监控正在快速普及，人脸识别技术已经被广泛应用到视频监控系统中，从而能够远距离进行人员身份识别，并快速确认人员身份，实现智能预警。通过采用人脸检测技术，就可以从监控的视频图像中实时查找人脸，并与人脸数据库进行实时比对，从而实现身份的快速识别。

◎ 项目3 ◎　**小区疫情防控**

新冠疫情紧张时，小区要求实行封闭管理。刘小豆想使用python开发一个刷脸门禁系统来帮助小区进行疫情防控：通过对进入小区的人员进行面部的检测与比对，判断是否是本小区居民。如果是，则允许进入小区；如果不是，则拒绝进入。

项目规划

1. 理解题意

根据项目要求，需要使用Python编写人脸识别程序，同时要求编写的程序能够对进入小区的人员进行面部识别，从而判断是不是本小区居民。如果来人是本小区居民，则门禁系统允许其进入；如果是陌生人，则门禁系统拒绝其进入。

2. 问题思考

01 你知道人脸识别的基本工作原理吗？

02 如何在百度AI的官方网站上申请人脸识别的API？

03 如何使用Python调用人脸识别的API？

3. 知识准备

with…as…语句一般用于对文件进行读取和写入操作：当语句执行完之后，就自动关闭文件；而在语句使用过程中，不管是否发生异常，都会执行必要的"清理"操作，释放资源。语法格式如下。

```
with 表达式 as 文件对象:
    执行语句
```

项目分析

1. 思路分析

首先需要将小区居民的脸部照片添加到百度AI的人脸库中，然后将外来人员的面部信息与人脸库中的照片进行比对。只有当比对成功时，门禁系统才允许来人进入小区；否则，门禁系统拒绝来人进入小区。

2. 算法分析

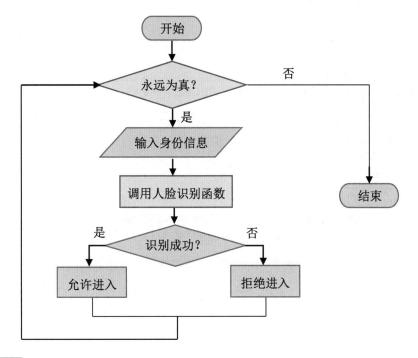

📍 项目实施

1. 添加住户信息

首先在百度AI的官方网站上申请人脸识别的API，然后将已经准备好的小区居民的脸部照片上传到人脸库中，如下图所示。

产品服务 / 人脸识别 - 人脸库管理 / 小区疫情防控

小区疫情防控 / Household ── 用户组名称

+ 新建用户

	用户	人脸数量	所在组	修改时间
□ 1	Household_1 ── 住户姓名	1	查看	2020-08-05 11:37:14
□ 2	Household_2	1	查看	2020-08-05 11:37:27
□ 3	Household_3	1	查看	2020-08-05 11:37:40
□ 4	Household_4	1	查看	2020-08-05 11:37:53
□ 5	Household_5	1	查看	2020-08-05 11:38:10

2. 编写程序

项目 3　小区疫情防控.py

```
1  from aip import AipFace
2  import base64                                      # 导入base64模块
3  def search(sign):
4      APP_ID="_____"                               # 申请APP_ID
5      API_KEY="_____"                     # 申请API_KEY
6      SECRET_KEY="_____"                 # 申请SECRET_KEY
7      client=AipFace(APP_ID,API_KEY,SECRET_KEY)      # 创建人脸识别对象
8      with open(sign,"rb") as f:
9          img_jpg=f.read()                           # 读取传入的图像文件
10         data=base64.b64encode(img_jpg)             # 对图片进行数据编码
11         f.close()                                  # 关闭图像文件
12         image=str(data,"UTF-8")
13         imgType="BASE64"
14         groupIdList="Household"                    # 用户组名称
15         result=client.search(image,imgType,groupIdList)
16         score=result["result"]["user_list"][0]["score"]  # 图片相似度
17         if score>75:
18             print(sign,": 识别成功，允许进入小区")     # 如果相似度大于75
19         else:
20             print("查无此人，拒绝进入小区")
21 while True:
22     name=input("请出示身份信息：")
23     search(name)                                   # 调用人脸识别函数
```

3. 测试程序

运行程序，输入想要进行身份信息比对的图片地址，运行结果如下。

```
请出示身份信息：张小明.jpg
查无此人，拒绝进入小区
请出示身份信息：刘小豆.jpg
刘小豆.jpg：识别成功，允许进入小区
请出示身份信息：
```

4. 答疑解惑

按照项目要求，需要将外来人员的照片与人脸库中的照片进行比对。因此，在运行程序之前，需要将小区居民的脸部照片上传到百度AI的人脸库中。另外，程序对使用的图片也有一定的要求，图片必须经过base64编码后才能使用，因此程序刚开始就导入了base64模块。

📍 项目支持

1. 人脸库的管理

在将外来人员的面部信息与人脸库中的照片进行比对时，其中的核心环节就是将小区居民的脸部照片上传到人脸库中。为此，首先需要使用百度账号登录百度AI的官方网站，然后进入人脸识别模块，在左侧的导航栏中单击"人脸库管理"按钮，即可对人脸库中的人脸照片进行管理。人脸库的管理与文件夹的管理一样，可以十分方便地对人脸照片执行增、删、改、查等相关操作。

2. 人脸识别的基本工作原理

人脸识别主要通过人的脸部特征来进行身份识别。首先判断人脸是否存在，若存在，则进一步给出人脸的位置、大小以及主要面部器官的位置信息，并与已知的人脸进行对比，从而识别来者的身份。简单来讲，就是使用摄像机或摄像头采集含有人脸的图像或视频流，并自动在图像中检测和跟踪人脸，进而对检测到的人脸进行识别。人脸识别又称人像识别、面部识别，主要分为人脸检测、图像预处理、特征提取和匹配识别4个阶段。

📍 项目练习

1) 请试着编写一个年龄识别程序，功能是根据用户上传的人脸图片推测图片中人物的年龄大小。

2) 请试着编写一个高铁站刷脸验票程序，功能如下：进站人员出示火车票后，将扫描到的人脸与身份证照片进行比对，如果比对成功，进站闸门会自动打开，并允许进站；如果比对失败，进站闸门会关闭，并拒绝进站，同时提示拒绝原因。

10.2.2 表情识别

我们每天都在展示自己的表情并且观察他人的表情，那么表情到底是什么？表情是人类及其他动物通过身体外观投射出的情绪指标，人脸表情是最直接、最有效的情感识别模式。随着人脸识别技术的发展，人脸表情识别已经成为人脸识别技术的重要组成部分，近年来在人机交互、安全、医疗、通信和驾驶领域得到了广泛关注。

◎ 项目4 ◎ 顾客表情分析 ∷∷∷∷∷∷∷∷∷∷∷∷∷∷∷∷∷∷∷∷∷∷∷∷∷∷∷∷∷∷∷∷∷∷∷

刘小豆的妈妈是一家百货商场的客户经理，最近要写一份顾客对商场工作人员的服务态度满意度调查报告，因此需要收集相关信息。刘小豆想使用Python编写一个人脸表情识别程序来帮助妈妈完成这项任务，功能如下：通过摄像头捕获商场工作人员为顾客服务时的画面，分析顾客的面部表情，再进一步解读出顾客的情绪信息，从而得知顾客对服务态度的满意度。

📍 项目规划

1. 理解题意

根据项目要求，需要使用Python编写人脸表情识别程序，同时要求编写的程序能够对进入商场的顾客做出表情分析，从而判断顾客对商场工作人员的服务态度是否满意。如果满意，就增加满意的顾客人数，最后根据公式"满意度=(满意人数÷总人数)×100%"求出顾客对服务态度的满意度。

2. 问题思考

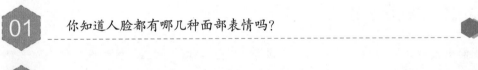

你知道人脸都有哪几种面部表情吗？

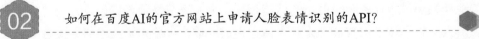

如何在百度AI的官方网站上申请人脸表情识别的API？

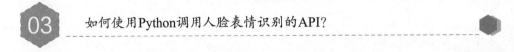

如何使用Python调用人脸表情识别的API？

3. 知识准备

在Python中，当定义函数时，如果想在函数内部对函数外部的变量进行操作，就需要在函数内部对变量使用global重新进行声明，从而将变量声明为全局变量，语法格式如下。

```
gobal    变量名      # 其中global是关键字，后面跟一个或多个变量名
例如: global x      # 声明变量x为全局变量
```

♀ 项目分析

1. 思路分析

根据项目要求，首先需要准备商场顾客的10张人脸照片，然后使用申请的API编写人脸表情识别函数，接着使用该函数读取每张照片中人脸的表情信息。如果识别出来的是开心的表情，则表示顾客对商场工作人员的服务态度是满意的，因而增加满意的顾客人数。最后计算所有顾客对商场工作人员服务态度的满意度。

2. 算法分析

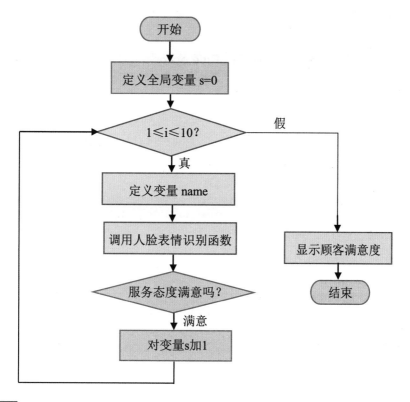

♀ 项目实施

1. 编写程序

1) 编写表情识别函数。

首先在百度AI的官方网站上申请人脸表情识别的API，然后在项目文件中导入base64模块，编写人脸表情识别函数。

```
项目 4   顾客表情分析.py(一)

1  s=0
2  from aip import AipFace
3  import base64                                           # 导入 base64 模块
4  def check(file):
5     global s                                             # 声明全局变量 s
6     APP_ID="_____"                                   # 申请 APP_ID
7     API_KEY="_____"                 # 申请 API_KEY
8     SECRET_KEY="_____"
9     client=AipFace(APP_ID,API_KEY,SECRET_KEY)            # 创建人脸识别对象
10    with open(file,"rb") as f:
11       img_jpg=f.read()                                  # 读取传入的图像文件
12       data=base64.b64encode(img_jpg)                    # 对图片进行数据编码
13       f.close()                                         # 关闭图像文件
14       image=str(data,"UTF-8")
15       imgType="BASE64"
16       options={}                                        # 设置可选参数
17       options["face_field"] = "age,expression"
18       options["max_face_num"] = 1                       # 可以识别的人脸数目
19       options["face_type"] = "LIVE"                     # 设置人脸的类型
20       result=client.detect(image,imgType,options)       # 进行人脸检测
21       express=result['result']['face_list'][0]['expression']['type']
22       if express=='smile':
23          s+=1
24    return  s                                            # 返回变量 s 的值
```

2) 编写主程序。

在项目文件中编写主程序，如下所示。

```
项目 4   顾客表情分析.py(二)

25 if __name__=="__main__":
26    n=0
27    for i in range(1,11):                                # 设置 for 循环
28       name=str(i)+".jpg"
29       n=check(name)                                     # 调用人脸表情识别函数
30    print("顾客满意度:",str(round(n/10*100,2)),"%")        # 显示顾客满意度
```

2. 测试程序

运行程序，得到的运行结果如下。

```
顾客满意度: 83.33 %
>>>
顾客满意度: 66.67 %
>>>
```

3. 答疑解惑

程序对使用的图片是有一定要求的，图片必须经过base64编码后才能使用，因此程序刚开始就导入了base64模块。另外，编码后的图片是字节型数据，必须通过str函数转换成字符类型的数据之后，才能作为参数被人脸表情识别函数调用。

♀ 项目支持

1. 人脸表情识别的基本工作原理

人类是通过视觉、味觉、听觉、嗅觉和触觉来认识世界的。我们把能够通过眼睛观察到的视觉信息称作图像信息，如人脸的表情信息。一般的表情识别可使用单个感官来完成，也可以使用多个感官来配合完成，这是整体识别和特征识别共同作用的结果。随着人脸的计算机处理技术不断完善，利用计算机进行面部表情分析也已成为可能。近年来，随着人们对人机交互兴趣的不断增加，表情识别逐渐成为研究热点。人脸表情识别主要由人脸图像的获取与预处理、表情特征提取和表情特征分类识别三个阶段组成。

2. base64 模块的使用

base64模块提供了许多方法用于对数据进行编码和解码。可以使用base64模块中的encode方法对数据进行编码(将字符串转换为二进制数据)，采用base64编码的数据是不可读的，需要使用decode方法进行解码(将二进制数据转换为字符串)后才能阅读。

♀ 项目练习

1) 请你说一说人脸表情识别在我们的日常生活中还有其他哪些实际应用。

2) 请试着使用Python编写一个"自制表情包"，要求能够识别出人脸表情，并且要求能够根据识别出来的面部表情生成相应的表情图片。如果识别出来的是开心的表情，就在屏幕上显示一张微笑的表情图片；如果识别出来的是生气的表情，就在屏幕上显示一张生气的表情图片；如果识别出来的是吃惊的表情，就在屏幕上显示一张惊讶的表情图片。

10.3　图像识别

当看到某个东西时，我们的大脑会迅速判断以前是不是见过这个东西或其他类似的东西。我们会对看到的东西与记忆中相同或相似的东西进行匹配，从而进行识别。图像识别技术的工作原理与此类似：通过分类并提取重要特征，同时排除多余的信息来识别图像。随着人工智能技术的发展，图像识别技术的应用也越来越广泛，人们坐火车、乘飞机已经不再需要排队取票，可以直接通过刷身份证进站、坐车和登机。图像识别技术除了能够识别身份信息之外，还能够识别动物、植物、蔬菜等多种图像。

10.3.1 看图识物

随着计算机技术和信息技术的迅速发展，图像识别技术的应用也已越来越多地渗透到我们的日常生活中。例如，当在外面看到不认识的花草时，只要打开图像识别App并进行拍照识别，就立即能够得知花草的种类和名称。

◎项目5◎ 教小米识动物

小米的妈妈带着小米来动物园游玩。在游玩的过程中，小米对看到的动物表现得特别激动，十分喜欢，她总是询问妈妈它们的名称。在看到的动物中，有些动物妈妈认识，能告诉小米它们的名称，但也有一些动物，它们的名称妈妈却说不出来，这可怎么办呀？请使用Python编写一个图像识别程序来帮助小米的妈妈解决这个问题。

♀ 项目规划

1. 理解题意

根据项目要求，需要使用Python编写图像识别程序，同时要求编写的程序能够对小米看到的动物进行图像识别。如果识别成功，就在屏幕上显示动物的名称和详细信息；如果识别失败，就在屏幕上显示"无法识别，请重新选择图像"。

2. 问题思考

01 你知道图像识别的基本工作原理吗？

02 如何在百度AI的官方网站上申请图像识别的API？

03 如何使用Python调用图像识别的API？

3. 知识准备

在Python中，如果想把代码写得规范一些，那么通常会加上if__name__=='__main__':语句作为程序的入口。例如，可以把if__name__=='__main__':语句放到模块A中，并将模块A

导入模块B中。当运行模块B时，if__name__=='__main__':语句中的代码不会被执行，而当运行模块A时，if__name__=='__main__':语句中的代码会被执行。

项目分析

1. 思路分析

根据项目要求，首先准备5张需要识别的动物图片，然后使用申请的API编写图像识别函数，接着在主程序中调用图像识别函数以识别动物。如果识别成功，就在屏幕上显示识别出来的动物信息；如果识别失败，就要求重新选择图片以进行识别，并显示相应的提示信息。

2. 算法分析

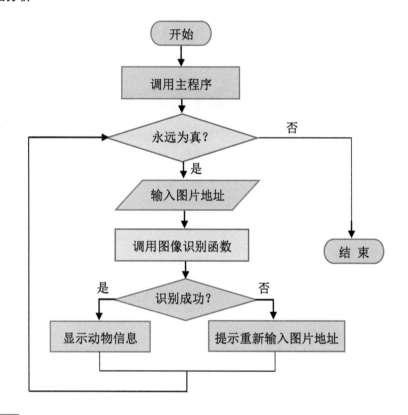

项目实施

1. 编写程序

1) 编写图像识别函数。

首先在百度AI的官方网站上申请图像识别的API，然后在项目文件中编写图像识别函数。

```
项目5  教小米识动物.py(一)

from aip import AipImageClassify              # 导入图像识别模块
def search(img):
    APP_ID="_____ _____"                      # 申请 APP_ID
    API_KEY="                    '   "         # 申请 API_KEY
    SECRET_KEY="_____ "    # 申请 SECRET_KEY
    client=AipImageClassify(APP_ID,API_KEY,SECRET_KEY)
    with open(img,"rb") as f:
        image=f.read()                        # 读取传入的图像文件
        f.close()                             # 关闭图像文件
        options = {}                          # 设置可选参数
        options["top_num"] = 3                # 设置预测得分的结果数
        options["baike_num"] = 5              # 设置百科信息的结果数
        result=client.animalDetect(image,options)  # 进行动物识别
        return result                         # 返回变量 s 的值
```

2) 编写主程序。

在项目文件中编写主程序，如下所示。

```
项目5  教小米识别动物.py

if __name__=="__main__":
    while True:
        name=input("请选择要识别的动物图像：")        # 设置循环
        animal=search(name)                           # 调用图像识别函数
        if animal!=" ":
            print(animal['result'][0]['baike_info']['description'])
        else:
            print("无法识别，请重新选择图像")         # 显示提示信息
```

2. 测试程序

运行程序，输入想要识别的动物图片的地址，得到的运行结果如下。

请选择要识别的动物图像：动物一.jpg
西伯利亚虎(学名：Panthera tigris ssp.altaica)：又称东北虎，……

3. 答疑解惑

由于使用了百度AI的官方网站上提供的图像识别API，因此程序在运行时需要连接互联网，否则会发生错误。另外，当使用if__name__=='__main__':语句时，语句后面的冒号不能省略，请特别注意语句中代码块的缩进问题。

◎ 项目支持

1. 程序的入口

学过C语言的人应该都知道，每编写一个C程序时，都必须编写一个主函数作为程序的入口，也就是我们常说的main函数。但是，Python程序在运行时是从模块的顶行开始并逐行进行编译执行的。由于顶层的代码都会被执行，因此Python并不需要使用统一的main函数作为程序的入口。从某种意义上讲，Python代码中的if__name__=='__main__':语句并不代表程序的入口，因为Python中没有所谓的主函数。但是，包含if__name__=='__main__':语句的.py文件，可以保证在作为模块供他人引入并使用时，不会发生一经引入就运行这个.py文件的情况。

2. 图像识别的基本工作原理

图像识别是人工智能的一个重要分支，它的发展经历了三个阶段，分别是文字识别阶段、数字图像处理与识别阶段、物体识别阶段。顾名思义，图像识别就是对图像做出各种处理、分析，并最终识别我们所要研究的目标，我们今天所指的图像识别主要是指借助计算机进行识别。图像识别的过程主要包括信息的获取和预处理、特征抽取和选择、分类器设计和分类决策等。

◎ 项目练习

1) 请试着编写一个菜品识别程序，要求能够根据用户上传的图片来判断图片中菜品的名称、菜品中含有的热量以及关于菜品的详细说明。

2) 请你试着为景区编写一个通过刷身份证进行检票的程序。游客在网上购买景区门票后，不用到售票窗口或自动售票机换取纸质门票，只需要将二代身份证放在自动检票闸机上的身份证识别位置即可。如果识别成功，闸门会自动打开放行；否则，闸门会关闭阻拦，并提示阻拦原因。

10.3.2　文字识别

汽车在进入停车场时，不需要进行人工登记，就可以识别出车牌号码等相关信息；作业不会做时，只需要使用手机App的"扫一扫"功能，就能够在网上找到解题答案……这些生活场景的背后都有着人工智能中OCR技术的应用。OCR技术也就是图像文字识别技术，这种技术可以快速将图像中的文字识别成可编辑的文本，从而方便进行文字处理。

○项目6○ **支付宝集五福**

　　临近过年，又可以参加"支付宝新春集五福"活动了，只需要使用手机上的支付宝应用对着含有"福"字的图像扫一扫，就能够识别福字，从而获得福卡，这就是人工智能中OCR技术的典型应用。下面就让我们一起使用Python探究一下其中的奥秘。

⚐ 项目规划

1. 理解题意

　　根据项目要求，需要使用Python编写图像文字识别程序，同时要求编写的程序能够对带有"福"字的图片进行文字识别。如果识别出"福"字，就在屏幕上随机显示一张福卡；如果没有识别出"福"字，就在屏幕上显示"识别失败，请重新扫一扫"。

2. 问题思考

01 你知道OCR技术的基本工作原理吗？

02 如何在百度AI的官方网站上申请OCR识别的API？

03 如何使用Python调用OCR识别的API？

3. 知识准备

　　OpenCV是当前最流行的用于图像处理和分析的开源函数库，主要针对实时计算机视觉，可运行在Linux、Windows、Android和macOS等操作系统中，同时还为Python、Ruby、MATLAB等语言提供了API。在本项目中，必须使用pip install命令安装opencv扩展包之后，才能使用OpenCV库来读取并显示福卡图片。

项目分析

1. 思路分析

根据项目要求,首先需要准备一张带有"福"字的图片和五张福卡图片,然后使用申请的API编写图像文字识别函数,接着在主程序中调用该函数以识别含有"福"字的图片。如果识别出"福"字,就在屏幕上随机显示一张福卡;如果没有识别出"福"字,那么不会显示任何福卡,并在屏幕上显示相应的提示信息。

2. 项目流程

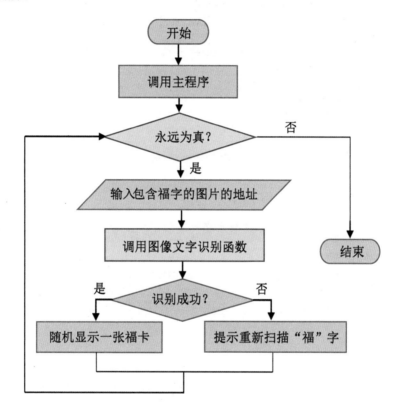

项目实施

1. 编写程序

1) 编写图形文字识别函数。

首先在百度AI的官方网站上申请图像文字识别的API,然后使用pip install命令安装opencv扩展包,最后在文件中导入cv2模块并编写图像文字识别函数。

项目 6　支付宝集五福.py(一)

```
1   from aip import AipOcr
2   import cv2                                         # 导入cv2模块
3   import random                                      # 导入random模块
4   def Ocr(img):
5       APP_ID="___. .. .."                            # 申请APP_ID
6       API_KEY="                          "           # 申请API_KEY
7       SECRET_KEY="                                 " 
8       client=AipOcr(APP_ID,API_KEY,SECRET_KEY)       # 创建文字识别对象
9       with open(img,"rb") as fp:
10          image=fp.read()                            # 读取传入的图像文件
11          fp.close()                                 # 关闭图像文件
12          result=client.basicGeneral(image)
13          saofuzi=result['words_result'][0]['words']
14          if saofuzi=='福':
15              fukai=str(random.randint(1,5))+".jpg"  # 随机显示一张福卡
16              pic=cv2.imread(fukai)                  # 读取图片
17              cv2.imshow('image',pic)                # 显示图片
18              cv2.waitKey(0)
19              cv2.destroyAllWindows()                # 删除窗口，释放资源
20          else:
21              print("对不起，你没有获得福卡，请重新扫福")
```

2) 编写主程序。

在项目文件中编写主程序，如下所示。

项目 6　支付宝集五福.py(二)

```
22  if __name__=="__main__":
23      while True:                          # 设置循环
24          name=input("请扫一扫福字：")      # 输入包含"福"字的图片的地址
25          fuzi=Ocr(name)                   # 调用图像文字识别函数，将返回值赋给变量fuzi
```

2. 测试程序

运行程序，输入想要识别的"福"字图片的地址，得到的运行结果如下。

3. 答疑解惑

根据项目要求，如果"福"字识别成功，那么屏幕上需要随机显示一张福卡。为此，程序在开头导入了cv2模块。为了使用cv2模块中的功能，需要使用pip install命令安装opencv扩展包。另外，由于模块之间存在依赖性，因此在安装opencv扩展包之前，还需要使用pip install命令安装numpy扩展包。

项目支持

1. OCR 技术

OCR技术简单来说就是对图像中的文字进行识别，并以文本的形式返回。利用这一技术，可以直接从图像中提取数据，生成所需的新文本，进而代替手动录入。

2. randint()函数的使用

使用randint()函数可以随机生成指定范围内的整数。randint()函数不能直接使用，在使用之前，需要首先导入random模块。为了导入random 模块，需要执行import random语句。然后就可以通过调用静态对象的randint()函数来实现相应的功能。例如，使用random.randint(6,8)可以随机生成一个6~8的整数。

项目练习

1) 请你说一说OCR技术在日常生活中还有哪些其他的实际应用。

2) PDF是一种电子文件格式，特点是只能查看文档的内容，而不能进行编辑和修改。但我们在平时的工作中，经常需要提取PDF文档中的文字，以便进行进一步的编辑和加工。请使用Python编写一个PDF文档识别程序来解决这个问题。